名護の選択

海にも陸にも基地はいらない

浦島悦子

インパクト出版会

カバー写真提供・大島俊一

はじめに

二〇〇二年一月、『豊かな島に基地はいらない――沖縄・やんばるからあなたへ』（一九九五～二〇〇一年の報告）を発行したときには、在沖米海兵隊・普天間飛行場の移設問題という同じテーマで、こんなに長く書き続けることになろうとは夢にも思わなかった。その後、『辺野古　海のたたかい』（二〇〇二～二〇〇五年の報告。二〇〇五年一二月発行）、『島の未来へ――沖縄・名護からのたより』（二〇〇六～二〇〇八年の報告。二〇〇八年八月発行）と書き継いできて、今回で四冊目になる（いずれもインパクト出版会刊）。

一冊目の書き出しから数えれば、一五年の歳月が流れた。生まれたばかりの赤ちゃんが中学校を卒業するまでの長い年月だ。その間、「現場」に立たされた私たちは、降りかかる火の粉と、襲いかかる絶望を払いのけつつ悪戦苦闘してきた。昨年八月、鳩山新政権の誕生で、その悪戦苦闘がようやく終わるかと期待したものの、いっそう混迷を深める闇の中に放り出されただけだ。この記録にいつ終止符を打てるのか、まだ見えない。

今回、初めて本書を読む人のために、前三冊で報告した普天間移設問題の経過を簡単におさらいしておこう。

一九九五年九月に起こった三人の米海兵隊員による少女レイプ事件は、戦後二七年間の米軍支配下はもちろん「日本復帰」後も強まる一方の基地の重圧にあえいでいた沖縄県民の鬱積した怒りを爆発させた。沖縄島で八万五千人、全県で一〇万人を集めた県民総決起大会をはじめ、基地の整理・縮小、撤去に向けた島ぐるみ闘争への発展を何とかなだめようと、日米両政府は九六年四月、「世界一危険な基地」と言われる海兵隊・普天間飛行場の五〜七年以内の全面返還を発表した。

しかしながら、喜びは束の間だった。返還は県内移設を条件としていたからだ。県民の怒りを利用して、老朽化した基地の代わりに最新鋭の基地を米軍が要求したに過ぎなかった。九六年一二月に日米両政府が合意したSACO（日米特別行動委員会）最終報告は、県民が望む基地の縮小・撤去にはほど遠く、整理・統合、県内移設によって基地機能を強化するものにほかならなかった。

新基地（普天間代替施設）のターゲットとされた名護市東海岸（海兵隊キャンプ・シュワブ周辺）では九七年一月、「ヘリポート阻止協議会」（通称：辺野古・命を守る会）、同一〇月、「ヘリ基地いらない二見以北十区の会」（私は九八年四月からここに所属している）の二つの地元住民団体が結成され、西海岸も含む名護市民は一体となって、「大事なことはみんなで決めよう」と、「海上ヘリポート基地建設の是非を問う住民投票」の実現に全力を注いだ。

政府をはじめ大小の権力や、ありとあらゆる手段を使った圧力・妨害をもはねのけて九七年一二月、名護市民は「基地ノー」の市民意思を内外に発信した。しかしながら、政府の圧力に屈した比嘉鉄也名護市長（当時）は、市民の汗と涙の結晶である市民投票の結果を踏みにじり、基地受け入れを表明して辞任。以降、今日まで続く地元住民・名護市民の苦難の歴史が始まったのだった。

翌九八年一月に行われた出直し市長選挙では基地反対の候補が僅差で敗れ、前市長の後継者である岸本建男市長（故人）が就任した。同年一一月の沖縄県知事選で、海上ヘリポートを拒否していた大田昌秀知事に代わって、軍民共用空港建設を公約とする稲嶺恵一知事が誕生。九九年一一月、県知事が「名護市辺野古沿岸域」への移設を発表し、翌一二月には名護市長が受け入れに合意した。

生活を投げ打ち、心血を注いで勝利した市民投票の結果が、権力によっていとも簡単に足蹴にされ、「撤去可能な海上へリポート」（全長一五〇〇m）から「リーフ上埋立てによる軍民共用空港」（全長二五〇〇m）へと巨大化した計画に、いくら反対の声をあげても届かない無力感・絶望感。基地問題によって引き裂かれた地域コミュニティや人間関係への疲れ。地域の有力者たちが基地反対から受け入れへと懐柔され、地元住民の多くが本心を内に秘めたまま口をつぐんでいく中で、ともかくも基地反対の火種を消してはならないと、私たちは地を這うような活動を続けた。（以上、『豊かな島に基地はいらない』に収録）

二〇〇四年四月、リーフを埋め立てる海上基地建設に向けた那覇防衛施設局（当時。現・沖縄防衛局）による海域ボーリング調査の強行着手を住民・市民の力で止め、以来、今日まで続く辺野古海岸でのテント座り込みが開始された。同年八月、普天間基地所属の米軍ヘリが、基地に隣接する沖縄国際大学の校舎に激突・炎上。巻き起こった「普天間即時撤去」の要求を逆手にとった施設局は

「辺野古への移設を急げ」と、ボーリング調査を強行開始、苛酷な海上の攻防が始まった。
木の葉のようなカヌーに乗った私たちは作業船や巨大な台船に翻弄され、作業員に暴力を振るわれ、焼けるような夏の日射しにも、身を切るような冬の海風にも耐えてボーリングやぐらの上に座り込んだ。そして一年後の二〇〇五年九月、ついにやぐらは撤去された。地元住民をはじめ全県・全国から駆けつけ、苦労を共にした支援者たち、県境・国境を越えて広がった世論の力が、海上基地を撃退したのだ！
しかし翌一〇月、リーフ上案に代わるものとして日米両政府が合意した辺野古沿岸案は、辺野古に隣接する大浦湾の軍港化をも視野に入れた、さらに巨大化した計画だった。「沖縄の負担軽減」を謳い文句に、実質は米軍基地の沖縄へのさらなる固定化・強化をもくろむ在沖米軍再編の一環として普天間移設問題が位置づけ直されたのだ。（以上、『辺野古　海のたたかい』に収録）
二〇〇六年一月の名護市長選挙に「沿岸案反対」を公約にして出馬、当選した島袋吉和氏は、市長就任後二ヵ月も経たない四月、「V字形沿岸案」で政府と合意し、翌年から基地建設に向けた環境アセスメントの手続きが開始された。前著『島の未来へ』は、このときの市長選の敗北の記録に始まり、建設予定の地元から基地に反対する議員を誕生させたいとの願いを込めた市議選、「これで負ければもうあとがない」と、追いつめられたぎりぎりの思いで頑張った県知事選（基地に反対する糸数慶子候補は当選ならず、仲井眞弘多現知事が誕生）、環境アセスとは名ばかりで、海上自衛隊まで動員し、自然環境を破壊しつつ強行された違法な「事前調査」などを報告した。

本書は、二〇〇八年六月の沖縄県議会与野党逆転から始まる。基地受け入れの姿勢をとる仲井眞県政は少数与党となり、翌七月には新基地建設に反対する県議会決議が可決された。潮目が変わり始めた、ようやく民の意思が政治に反映される時代になったのだと、県民の誰もが感じている。

同年八月の政権交代を経て、今年（二〇一〇年）一月、一二年前の名護市民投票に匹敵すると言われた市長選挙で「名護市に新たな基地は造らせない」と明言する稲嶺進市長が誕生した。一三年間の苦闘の末に、市民意思を体現する市政が生まれたのだ。本書で市長選勝利の報告ができることは何よりもうれしい。前述したように、まだまだ闇は深いけれど、その闇を照らす確かな光を、私たち名護市民は手にしたのだ。

本書は、前三著と同様、『インパクション』誌の連載を中心にまとめたものである。二〇〇七年秋以降、連載の形を日録ふうに変え、また、内容的にも基地問題だけでなく、私が関わったり見聞したさまざまなできごとや、この島が抱える諸課題についても報告した。本書ではそれを、読みやすいようにⅠ部、Ⅱ部に分け、Ⅰ部は基地問題を中心に、Ⅱ部にそれ以外のものを収録したが、この小さな島の中では、それらはすべてつながっていることを感じていただければ幸いである。

第1部

山が動く

与野党逆転した沖縄県議会（08年6～12月）

県議選で与野党逆転

六月八日に投開票された沖縄県議選で与野党が逆転した。仲井眞県政の与党は改選前の二七議席から二二議席に減少して過半数以下となり、野党・中立が二六議席を獲得した。任期中の少数与党転落は県政史上初めてという。

自民党の減少（二〇→一六人）、民主党公認候補全員（四人）の当選、共産党（三→五人）および社民党（四→五人）の増加、女性（過去最多の七人）や若手議員（三〇代の新人四人）が増えたことは、県民が変革を望んでいる証だ。しかし一方で、史上最低の投票率（五七・八二％）、期日前投票の増加（前回の一・五倍、有権者の約一割に及ぶ）は今後の懸念材料でもある。地域政党である沖縄社会大衆党が伸び悩んだことも気になる。

後期高齢者医療制度の衝撃が大きすぎたため、基地問題などの県内課題が争点としてかすんでしまったのは否めないが、多くの県民が仲井眞県政に突きつけた「ノー」の中に、米軍再編や普天間基地移設推進への批判があることは疑えない。わが名護市区（定数二に三人が立候補）では残念ながら野党二議席は実現しなかったものの、新基地建設反対を訴えた二人の候補者の得票数を合計すれば与党をかなり上回っている。

辺野古・大浦湾海域では現在も連日、基地建設に向けたアセス調査が行われ、市民による海上行動や座り込みも続いている。県議選の結果は、公有水面埋め立てに対する県知事許可を含め、建設計画の今後の進捗に大きく影響してくるだろう。県議会における新基地建設反対決議も可能になった。

大浦湾ではこの四～五月、さまざまな種類のサンゴがお花畑のように広がっている場所を、海上行動に参加していた市民が発見。専門家による調査も行われた。昨年九月の大規模なアオサンゴ群落の発見に次ぐ快挙だ。次々に明らかになる大浦湾の豊かな生態系、ジュゴンから底生生物に至るまでの際立った生物多様性は、ここが基地建設には最もふさわしくない場所であることを告げている。

県民の声、人間生活を支えている物言わぬ自然界の生き物たちの声に、真摯に耳を傾ける県政のあり方が今後問われてくるだろう。

（二〇〇八年六月九日）

県議会が新基地建設反対を可決

満員の傍聴席から大きな拍手が起った。一斉に立ち上がり、涙を浮かべている人もいる。沖縄県民の長年の悲願がやっと形になった瞬間だった。

県議会の意見書を支持する緊急県民集会（7月17日、那覇市・県民ひろば）

沖縄県議会は七月一八日、「名護市辺野古沿岸域への新基地建設に反対する意見書・決議」を野党六会派の賛成多数で可決した。ジュゴンやサンゴなど「世界に誇れる自然環境を後世に引き継ぐことこそが県民の責務」だと述べ、建設の断念を県や日米両政府に求めている。

辺野古新基地建設については、一九九七年の住民投票で反対の意思を明確に示した名護市民をはじめ県民の大多数が一貫して反対してきたにもかかわらず、県議会は九九年、「普天間飛行場の早期県内移設に関する要請決議」を自民党などの賛成多数で可決。当時の稲嶺恵一知事、現在の仲井眞弘多知事も移設を容認し、県政と県民世論との「ねじれ現象」が続いてきたが、六月県議選で与野党が逆転した（四八議席中、野党二六）ことによって、この画期的な決議が可能になったのだ。

その前夜の一七日夕刻、基地の県内移設に反対する県民会議は、県庁前の県民ひろばで、県議会の意見書採択を支持する緊急県民集会を開いた。労働組合、各政党、辺野古から駆けつけた地元住民や市民団体など四〇〇人が参加。色とりどりの旗や幟《のぼり》が林立する中、勢揃いした県議会野党六会派の代表らが次々と挨拶に立ち、「県議会で民意を実現する時が来た」「県民と県議会の心を一つにしたい」などと決意を語った。

司会を務めた県民会議事務局長の山城博治さんは「今日はみんなの顔が輝いている」と笑顔を見せ、辺野古現地で基地建設のためのアセス調査に対する監視・抗議行動を続けているヘリ基地反対協議会共同代表の安次富《あしとみ》浩さんは「やっと民意を反映する県議会になった」と期待を込めた。

意見書採択と同じ一八日、首相官邸で行われた第八回普天間移設措置協議会に、県民の反対と抗議を押し切って出席した仲井眞知事は、移設に向けた作業班の設置を政府と合意した。県議会の反対決議について記者団に聞かれた彼は「私の考えを変えるつもりはない」と述べたものの、ますます「裸の王様」となっていくのは必至だ。

沖縄県議会はまた、同日、「後期高齢者医療制度の廃止等に関する意見書」を同じく野党の賛成多数で可決した。同制度の廃止を求める決議は、全国都道府県議会で岩手県議会に続き二例目。県議会傍聴席には、夜遅くまで決議の行方を見守る高齢者の姿があった。両意見書は直接日米両政府に申し入れる予定だ。

野党県議団は二〇日、座り込みが続く辺野古のテント村を訪ね、県議会の報告を行うとともに現場の運動との連帯を誓った。

（七月二〇日）

自衛隊Ｐ３Ｃ基地建設阻止闘争の勝利を祝う

二一年間にも及ぶ長いたたかいが勝利した！

九月一三日、沖縄島北部・本部町の上本部中学校体育館で「Ｐ３Ｃ基地建設阻止勝利集会」が開

催され、海上自衛隊のＰ３Ｃ対潜哨戒機送信所建設計画をついに断念させた喜びを、地元住民・支援者たちが集って分かち合った。

Ｐ３Ｃによる対潜水艦作戦は、那覇にある対潜作戦センターと送信所および受信所がセットになって完成するシステムだ。一九八七年二月、防衛庁が旧本部補助飛行場跡地にＰ３Ｃの送信所を建設する計画を発表して以来、地元・豊原区民は苦渋のたたかいを強いられてきた。

予定地とされた旧本部補助飛行場は、一九四五年、沖縄に上陸した米軍が住民全員を収容所（現在、米海兵隊キャンプ・シュワブになっている名護市東海岸の大浦崎に設置された民間人収容所）に強制収容し、その間に家も畑もブルドーザーで壊して建設を強行。収容所から帰ったものの住む家も耕す土地もなく、中南部に移住せざるを得なかった人々も多い。飛行場は復帰直前に返還されたが、分厚いコーラル（サンゴ石を砕いたもの）が敷き詰められた土地は原状回復されないまま放置されてきた。

その地への自衛隊基地計画に、「軍隊は住民を守らない。軍事施設の建設には土地を貸さない、売らない」と豊原区の全住民が立ち上がったのだ。八八年七月、区民総会で反対決議を上げ、本部町長・町議会も反対を表明。八九年五月の建設反対町民大会には一五〇〇人が参加した。しかし八九年末、国頭村が受信所を受け入れ、約一年後に完成すると、本部町長・町議会は建設受け入れに変わり、豊原区民は着工を急ぐ防衛施設庁との実力対峙を余儀なくされた。

農作業を投げうって闘争小屋を建て、監視・測量阻止行動が始まった。北部地区労など県内の労働組合、一坪反戦地主会などを中心に現地行動や援農が取り組まれ、県内外に支援の輪が拡がっていった。九四年には防衛庁などへの要請を行う東京行動が行われ、地元から一六人の要請団が東京の支援者らとともに行動した。

豊原区民のねばり強い闘いは再び本部町及び町民を大きく動かした。九四年八月の町長選挙で建設反対を掲げる候補者が現職を破って当選し、同年九月、町議会も全会一致で反対決議を採択した。町議会は九二年、着工を推進するため、建設予定地内を通る町道の廃止を賛成多数で可決したが、九五年三月にはその復活を全会一致で可決。防衛施設庁は九五年度の着工断念を発表せざるを得なかった。

防衛庁はしかし、あくまでも「計画そのものは断念しない」と強調。地元住民はその後も緊張の解けない日々を強いられてきた。そしてようやく去る七月九日、防衛省が正式に建設中止を本部町に伝達してきたのだ。

勝利集会はまず、この二〇年余の間に、ともにたたかいつつ亡くなった人々へ黙祷を捧げたのち開始された。当初は闘争小屋で行われる予定だったが、台風接近のため会場を変更。冒頭で挨拶した建設阻止対策委員会の川上親友委員長は「この体育館は、八八年一〇月、初めての反対総決起大会を持ち、八五〇人が集まった記念の場所だ」と感慨深げに述べた。

当時、上本部地区のＰＴＡ会長として反対運動に尽力し、現在は町議会議長を務める小浜利秀氏は「この二〇年間に町長が四人変わり、町の姿勢は二転三転した。しかし、予定地の九二％が接収されても残りの八％が今日の勝利を導いたことに自信を持とう」と力強く語り、大きな拍手を浴びた。

登壇者、参加者のどの顔にも長い年輪が刻み込まれている。集会のあとは和やかな祝賀会が行われ、豊原のたたかいを支援してきた人たちが次々にマイクを握り、思い出話や今後の抱負を笑顔で披露した。対策委員会の喜納政豊前委員長は、現在も米軍基地建設に対する反対運動が続いている名護市辺野古、東村高江の代表者とつないだ手を高々と上げ、「今日は終わりではなく新しい出発点だ。この勝利を辺野古・高江の勝利につないでいこう」と全員で誓い合った。

喜納前委員長と手をつなぐ辺野古および高江の代表者

私は一五～六年前（だったと思うが、定かではない）、友人に誘われて二～三度、援農（菊の収穫作業）に参加した（役に立ったかどうかは心許ない）ことがあるだけだが、豊原の人たちや、彼らのたたかいを支えてきた人たちの話を聞きながら、二一年という年月の重さを噛みしめていた。

新たな米軍基地に反対する私たちの運動は一二年。フーフー言いながらやっとの思いで続けてきて、とにかく早く終わって欲しい（もちろん計画の撤回という形で）と、そればかりを願ってきた。思い起こせばあまりにもいろいろなことがあり、気が遠くなるような一二年間だが、豊原の二一年にはそれ以上のことがあったに違いない。それに比べれば私たちはまだまだだ。めげずにがんばろうと、勇気をもらった集会だった。

（九月一八日）

「沖縄は基地がないとやっていけない」のか？

「押しつけられた常識を覆す――つくられた依存経済」と題するシンポジウムが一〇月一九日、沖縄大学で開催され、多くの参加者を集めた。

シンポジウムを主催したのは、「いまこそ発想の転換を！」実行委員会。沖縄が誇りと自立心を取り戻すためには、沖縄の人々を萎縮させ思考停止させてきたさまざまな思い込みや「常識」を問い直すことが必要だという観点から行ってきたシンポジウムの第三弾で、「押しつけられた常識を覆す――安保・開発・環境の視点から」（四月二七日開催）、「同―経済の視点から」（五月三一日開催）に続くもの。

日米政府は沖縄の米軍基地を維持するために、沖縄振興策への拠出を通して基地に依存する経済を構築し、自立できない経済構造を作りだしてきた。基地依存経済と言われる沖縄の脆弱な経済構造が政策的に作られてきたものであることは、今や少なからぬ県民の共通認識となってはいるものの、財政依存を強めれば強めるほど基地の呪縛から抜けられなくなる悪循環からどのように脱却し、未来を切りひらいていけるのか。私を含め、そんな切実な関心から参加した人が多かったように思う。

三人の報告者の筆頭は宮田裕・元内閣府沖縄総合事務局調整官。「対沖縄政策の形成メカニズム」と題して報告した宮田氏は、米軍統治下の沖縄政策から復帰前の日本政府援助、復帰後の沖縄振興政策・振興法の特徴などを歴史的に概観した上で、「復帰して基盤整備は良くなったが、財政投資が県民のために使われておらず、地域内で循環していない」と述べた。

「沖縄総合事務局はダムや港湾建設など莫大な事業を行っているが、その四五・四％が県外企業に発注されている（沖縄防衛局の県外受注率はさらに高く、五五％）。財政投資の三三％は県外に逆流している」と、「ザル経済」と言われる実態を明らかにし、沖縄経済を検証しつつ、「一次産業・二次産業の県内総生産に占める割合が復帰時と〇五年を比較すると、それぞれ七・三％→一・八％、二七・九％→一二・一％（うち製造業は一〇・九％→四・三％）に激減し、生産活動が停滞している。県民総所得に占める財政依存度は三八％（〇五年。全国は二二％）。復帰後、八・五兆円の振興開発事業費が投下されたにもかかわらず、失業率は復帰時の三％から〇六年には七・七％（日本一。全国は四・一％）と悪化した」と指摘した。

次に前泊博盛・琉球新報論説副委員長が「安保維持装置としての沖縄振興策」と題して報告。米軍占領時代のＢ円（本土が一ドル三六〇円時代に一二〇Ｂ円とし、作るより買った方が安い状況を生み出した）、基地建設に労働力を吸収し農漁業からサービス業（虚業）中心の経済へ導いたこと、経済実態を無視した右肩上がりの軍用地料を政策として維持した（所得格差の元凶）こと等、日米安保を維持するためにつくられてきた沖縄の基地依存経済を「政府による施し経済」「物乞い経済」「点滴経済」などと表現し、「沖縄が基地に反対するのは振興策が欲しいからだというのが本土マスコミの論調」「沖縄振興策は沖縄を発展させるためではなく、発展させないためにやっているのではないか。その意味では大成功している」と、痛烈に批判した。

最後に「対沖縄政策の行財政への影響」を報告した佐藤学・沖縄国際大学教授は、沖縄における経済自立とは何を意味するのか、沖縄経済における行財政＝地方政府の役割は何か、等と前置きし、「高率補助事業の獲得、移転財源の分配が自治体経営の目的になってしまい、自治体財政の硬直化、政策立案能力の劣化、公共支出依存の強まりを招いている。自立は独立や自給自足ではない。国内の地域間支援は当然の権利であることの確認が必要。生存権保障のための施策を、基地との交換で受けていると思いこまされていないだろうか」と問いかけた。

三氏の報告を受けたあと、新崎盛輝・沖縄大学名誉教授の司会で、報告者と参加者を含む全体討論が行われた。

現在の沖縄振興法が終了する二〇一一年以降、継続を要求すべきかどうかという参加者からの質問に対して、宮田氏は「継続は必要だが、どこをどう変えていくかが問題」「公共事業にしか使えない仕組みを教育・医療・福祉に使えるように変えるべきだ」と答え、前泊氏は「国による財政支援はこれ以上いらない。沖縄が交渉権を持ち、自前で計画したものを国に担保させることが必要だ」

と述べた。

佐藤氏は、「現在、沖縄における依存経済の典型である名護市に、一九七二年の逆格差論（内発的発展を謳う自治体計画）、九七年の先駆的な市民投票、〇一年の市長候補者公募・マニフェストの全国的先例など、自治の輝ける萌芽があり、それが潰されていったとはいえ現在にも続く底流がある事実に、自治再生の希望を見出したい」と語った。

前泊氏は、「基地がなくなれば『イモとはだしの時代』に戻ると言う人がいるが、『イモとはだし』は再評価すべきだ。地域資源の見直しという意味でも大きな可能性を孕んでいる。自ら選択・挑戦していく『自律経済』が必要だ」と提起した。

参加者からは「たとえ経済振興に役立とうとも基地はいらないということを再確認した」という意見も出された。


最後に、実行委員長である宮里政玄・沖縄対外問題研究会代表が発言した。専門の国際政治学の立場から、「アメリカが沖縄を信託統治にせず日本の潜在主権を認めたのは、信託統治にすると国連の監視を受けるので基地建設ができないから。日本政府の了解を得て沖縄に基地を建設し、維持していくためだった」と指摘し、「日本の財政難は今後ますます深刻になり、これまでのような基地保障政策を続けていけなくなるだろう。アメリカの大統領選挙でオバマが勝利し、日本政府が思いやり予算を出さなくなれば、沖縄に基地を置き続けるかは疑問」と述べた。

それを受けて新崎氏は、「過大な期待はできないが、社会全体のさまざまな揺らぎの中で少数者が意見を出しやすくなるのは確かだろう」と締めくくった。

依存経済脱出の具体的な処方箋を期待していた向き（実は私もその一人だったが）にはいささか欲求不満が残ったが、ちょっと考えれば、そんな「タナボタ」があるわけがない。本シンポで明らかになったように、沖縄の基地依存経済が政策的・意図的につくられてきたという認識の上に立って、「基地なき沖縄」への道筋を切りひらいていくのは、参加した一人ひとりの課題であろう。

（一〇月二二日）

一〇回目を迎えた満月まつり

一一月八～九日、新基地建設予定地を望む名護市大浦湾・瀬嵩の浜で第一〇回満月まつりが開催された。

普天間飛行場代替施設（新米軍基地）の辺野古沿岸域への建設が閣議決定された一九九九年から、「ジュゴンの海に基地はいらない！　ま̄るい地球、ま̄るい月、ま̄るい心」を合言葉に始まった満月まつりは、この九年間で、沖縄から発信する平和月見会として定着し、大きな広がりを見せてきた。

沖縄・日本・世界の人々がそれぞれの場所で、一つの満月に照らされながら平和への思いを共有しようという呼びかけは各地での同時開催となって結実し、今年も海外一八カ所、国内八〇カ所の同時開催地を数えた。

沖縄県内では、辺野古・大浦湾への基地建設だけでなく、米軍ヘリパッド建設に反対する東村高江の住民運動、泡瀬干潟の埋め立てに反対する運動とも合流し、海にも山にも基地はいらない、命を育む自然を守ろう、というメッセージを、歌や踊りを通じて伝えている。著名なミュージシャンも含め出演者は旅費などすべて手弁当だ。

今年は第一〇回の節目を記念して、前夜祭、キャンプイン、カヌーやボート体験、ビーチクリーンなどで参加者に大浦湾のすばらしさを堪能してもらおうと実行委員会では計画したが、あいにくの悪天候でキャンプインとオプションは中止。それでも、時々雷雨に中断されながら若者中心の前夜祭は盛り上がり、翌日の本祭も、降り続く雨にやきもきさせられたが、午後四時の開始時刻には雨も止み、月は見えなかったものの大勢の参加者で賑わった（二日間の延べ参加者は二五〇人）。

辺野古から「オジーオバーの会」の皆さんも駆けつけ、代表の嘉陽宗義さんが本祭の冒頭で挨拶。オバマ新アメリカ大統領の誕生に触れながら「勝利」への希望を語った。舞台出演した一〇組のミュージシャンやアーティスト、参加者の平和や自然への思いがひとつになり、浜に打ち寄せる波や風の音と共鳴しあった。

会場では、大浦湾の海底地形や生物調査・撮影を続けているダイビングチーム・すなっくスナフキンのメンバーによる写真展も行われ、美しい色、不思議な形を持つ海の生き物たちが参加者の関心を集めた。

これまでのまつりには必ず参加し、いつも最前列で踊っていた辺野古のウミンチュ・島袋利久さん（愛称・ひさぼう）の姿が今年は見られないのが淋しかった。自分の船を出して基地反対運動を共に担い、その純粋な心と笑顔でみんなを癒し、辺野古を訪れる若者たちにこよなく愛されていた利久さんは去る九月、病気のため一足先にニライカナイへ旅立ってしまったが、彼を思い、偲ぶ人たちの協力で生前の写真や映像が集められ、前夜祭と本祭での二回、上映された。会場は涙と笑いに包まれ、「ひさぼう！」と声が上がった。まるで彼がこの場に帰ってきたようだった。

第10回満月祭り（11月8日前夜祭、瀬嵩の浜）

今回とてもうれしかったのは、二見以北の住民の参加が増えたこと。基地問題によって地域が引き裂かれる中で、「反対派のまつり」への地元住民の参加は少なくなっていたが、今回は見知った顔がたくさん、一緒にまつりを楽しんでくれた。満月まつりが地域のまつりとして定着しつつあることを感じて、明るい気持ちになった。

また、今回、多くの若者たちがボランティアスタッフとして自主的に参加してくれたことも、とても心強かった。彼らが吹かせ始めた新しい風が、今後どんなふうに広がっていくのか、楽しみだ。もちろん、第一〇回満月まつりの二人の代表（坂井みちる、東恩納琢磨、まよなかしんや）、実行委事務局長のＫＥＮ子をはじめスタッフ一同のいちばんの願いは、来年の満月まつりが「基地撤回」のお祝いのまつりになることだけど……。

（一一月一三日）

名護市民投票一一周年――辺野古で海上パレード

一二月二〇日、辺野古リーフ内海上パレードと辺野古・大浦湾海域の赤土&透明度調査（主催：名護・ヘリ基地反対協議会）が行われ、名護市内外から一五〇人が参加した。

一九九七年一二月二一日、名護市東海岸・辺野古沿岸域に新たな米軍基地（普天間飛行場代替施設）を建設する計画の是非をめぐって行われた市民投票で、名護市民が「基地ノー」の意思を示してから一一年。政府の圧力に屈して基地を受け入れた当時の比嘉鉄也市長によって市民意思は踏みにじられたが、東海岸の地元住民をはじめとする名護市民、沖縄県民の大多数が一貫して反対し、国内・国際世論もそれを支持するなかで、辺野古の海には未だ一本の杭も打たれていない。

この一一年の間に、計画の中身は、撤去可能な海上ヘリポート→リーフを埋め立てて造る軍民共用空港→辺野古・大浦湾沿岸部

辺野古リーフ内海上パレード（船団の背後はキャンプ・シュワブ。2008 年 12 月 20 日）

を埋め立ててV字形滑走路を造る沿岸案と、めまぐるしく変化した。現在、政府・防衛省は、日米が合意した「二〇一四年までの施設完成」に向けて、環境影響評価法の精神に反すると専門家からも悪評高い環境調査を強行。これに対して住民・市民らは、辺野古・大浦湾海上に船やカヌーを出し、防衛局や、それと一体となった海上保安庁、現場作業員やチャーター船への抗議・説得・監視活動を続けている。辺野古海岸でのテント座り込みも一七〇〇日以上になった。

海に向かってウガンを捧げる（辺野古の浜にて、同日）

午前八時半、辺野古のおじぃ・おばぁたちの指導で、浜から海に向かって安全祈願を行ったあと、七隻の船と七艇のカヌーに分乗して六〇人が海に出た。空は青く晴れ渡り、一二月とは思えないぽかぽか陽気だ。「辺野古新基地建設反対」「県議会決議を守れ！」「名護市民投票11年」などの横断幕を掲げた船団、オールを逆さにして「い」「の」「ち」の文字を掲げたカヌーが列をなし、エメラルド色に澄んだ波静かなリーフ内を滑るように進む。

冬の海は透明度を増し、触れれば胸の奥まで染まりそうだ。透き通って見える海底の海草（ジュゴンの食草）や魚たちに、参加者の歓声が上がった。

辺野古の浜に隣接する米軍キャンプ・シュワブ内には、赤土がむき出しになった造成現場が、海から見える。新基地建設のために、滑走路予定地にある兵舎を移転する工事が、環境アセスも行わずに強行され、雨の度に赤土を垂れ流しているのだ。

防衛局の現場事務所も海上保安庁の桟橋も米軍基地内にあり、米軍との一体ぶりを隠そうともしない。

キャンプ・シュワブに向かって、米軍と日本政府への抗議の声をみんなで挙げ、ジュゴンの住むこの美しい海を守ろうと誓い合う。船に乗りきれなかった人々は、浜から旗や幟を振って呼応した。

海上パレードのあとは八ヵ所の赤土調査と七ヵ所の透明度調査が行われた。赤土調査は、ダイバーが採取してきた海底の砂の中にどれだけの赤土が含まれているかを調べるもので、誰でもできる簡便な方法を専門家が参加者に指導した。赤土や透明度の調査方法を住民・市民が身につけ、調査を継続してデータを蓄積することによって、今後、出されてくるアセス準備書における防衛局の調査や手続きが適切かどうか、また、工事による海の変化などを市民の側からチェックしていく有効な手掛かりの一つになるだろう。

（二月二一日）

新政権誕生と沖縄（09年1～10月）

辺野古でハチウクシー

二〇〇九年一月一七日、座り込み一七三五日目の辺野古テント村でハチウクシー（初起こし）が行われた。ハチウクシーは新年の仕事始め、または旗開きに当るもので、この日は、テント村に出入りする人々が一同に会して食事を共にし、自然の恵みを味わいつつ「基地建設をさせないために今年も頑張ろう」と確認し合い、交流を深めた。

主催者のヘリ基地反対協代表委員の一人である大西照雄さんがコック長を務め、前日にイカを解体。彼の指導で、当日早朝からシンメーナービ（大鍋）にシブイ（トウガン）などの野菜や豚肉も入った具だくさんのイカ墨汁を炊き、私たち女性陣は辺野古のおばぁたちと一緒におにぎり作りなどを担当した。

この日は、前日までの冷え込みが嘘のようなぽかぽか陽気。八〇人余が参加して、テントに入りきれない人たちは太陽の下で汗をかきながら、イカ墨汁とおにぎりに、蛸と大根の和え物、レバーカツも加わった御馳走に舌鼓を打った。

沖縄防衛局は普天間代替施設（辺野古新基地）の建設に関わる実施設計業務三件（護岸やキャンプシュワブ内を流れる川の水路切り替えなど）の入札を一六日に公示したが、反対協の安次富浩代表委員は「事業の進捗が遅れているため防衛局は焦り、着々と進行していると印象づけたいようだが、世論の大きな流れは基地反対だ。今年こそ基地を止めよう」と呼びかけた。

市議会議員・県議会議員・国会議員らも多数駆けつけ、キラキラと輝く美しい海を前にして、口々に「この海に基地は絶対につくらせない！」と断言してくれたのが心強かった。辺野古・命を守る会の嘉陽宗義おじぃは、「今日はほんとうにうれしい日だ」と顔をほころばせて挨拶した。

辺野古座り込みテントでハチウクシー（1月17日）

集会が終わると、三線を持って集まった腕自慢たちが、祝いの席で最初に唱われる「かぎやで風」を合奏・合唱したのを皮切りに、民謡や自作の歌、ウクレレ、胡弓、竹箒の笛なども出て、テント村は夕方近くまで賑わった。

一月二〇日、米国ではオバマ新大統領が就任する。「チェンジ」を掲げ、米国民の期待を背負った新政権の誕生だが、これが沖縄にどう影響してくるかは未知数だ。日本や沖縄の状況が好転するのではないかと期待する向きもあるが、私はほとんど期待していない。まずは自国のことで精一杯だろうし、政権人事や発言からもオバマ氏に戦争反対の姿勢は見られない。

米国の動きに一喜一憂するのでなく、自分たちが自分たちの足で立つことに全力を注ぐべきだと思う。地球環境の危機が誰の目にも明らかになり、これ以上自然破壊をすることの愚かしさを誰もが感じ始めている。失業やホームレスがうなぎ登りに増え、餓死者が出る経済危機の中で、税金の使い道に多くの人が敏感になっている。厳しい状況だが、それは基地を造らせないための好条件でもある。

一歩一歩、踏みしめながら、今年も歩いていきたいと思う。

（二〇〇九年一月一九日）

沖縄防衛局が市民を閉め出す

二月六日、沖縄ジュゴン環境アセスメント監視団は、事前に申し入れて了承を得ていた要請を行うために嘉手納町にある防衛省沖縄防衛局を訪ねた。

地元住民をはじめ沖縄県民の大多数の反対にもかかわらず普天間代替施設＝辺野古新基地建設を推し進めようとしている沖縄防衛局は、〇七年四月二〇日からアセス法を無視した辺野古・大浦湾海域での事前調査を強行し、同五月一八日には海上自衛隊の掃海母艦「ぶんご」まで投入して住民の正当な抵抗を潰そうとした。

その後に出されたアセス方法書はあまりのずさんさから大幅な追加・修正を余儀なくされたが、それを公告・縦覧しないまま、沖縄県と公共用財産（海域）使用協議書を交わし、〇八年三月一四日に環境現況調査を開始した。

協議書による使用期限は〇九年三月三一日までとなっているにもかかわらず、海域調査を受託・実施している「いであ株式会社」および「パスコ株式会社」との契約期間が同六月三〇日までとなっていることが判明したため、その（追加）調査内容を明らかにすること、など五点の要請を行う予定だった。

名護、中部、那覇など島の各地から集まった人々に加え、ちょうど関東から辺野古を訪問中だった「辺野古への基地建設を許さない実行委員会」（二月三日、辺野古基地建設に反対する四万八〇〇〇筆余の署名を国会に提出した）のメンバーも加わった約四〇人の市民が、防衛局との約束の時間である午後四時直前に正面玄関から入ろうとしたところ、なんと、出てきた同局報道室の係官らに止められてしまったのだ。「人数が多すぎるので代表一五人に絞ってほしい。そうでなければ要請は受けられない」と言う。「えーっ！　どうして?」と声が上がる。

市民「これまでは人数制限などなかった。その理由を言ってほしい」

防衛局「前回、罵詈雑言やヤジなどが多すぎた。三〇分という時間も大幅にオーバーした」

市民「罵詈雑言する人がいたら、責任を持ってその人は出ていってもらう。発言する人は一五人に絞るので、全員を入れてほしい」

防衛局「とにかく一五人以上は入れられない。代表を選んでくれ」

以降、防衛局側は「一五人に絞れ」の一点張り。押し問答ののち防衛局の正面玄関は鍵がかけられ、仕事で訪れる人たちも入れない異常事態となった。

市民らは正面玄関前に座り込んで面談要請を続けたが、時折、鍵をはずし自動扉を少し開けて顔を出す報道室長や係官は、「もう少し話し合いましょう」と言う市民らに対し、「話し合う必要はない。一五人を選んだら連絡してください」と繰り返すのみ。

沖縄防衛局は昨年四月、那覇の雑居ビルから嘉手納の専用新築ビルへ移転した。広々とした敷地に、御殿のように立派な建物がそびえている。

「那覇にいた頃はみんな入れたのに、建物が立派になると市民を閉め出すんだね」「トイレにも入れてくれないよ」「誰の税金で造ったと思っているんだ！」「防衛省になってから、態度がより高圧的になったね」

沖縄防衛局は玄関に鍵をかけて市民を閉め出した。面会を求めて座り込む。（２月６日）

防衛局の理不尽な人数制限を一度受け入れたら、今後ますます、いろいろな縛りをかけてくるだろう。ここで認めるわけにはいかないと、みんなで話し合う。

五時半の閉庁時間が過ぎ、お尻の下のコンクリートの床も、吹く風も次第に冷たくなってきた。防衛局の反市民的姿勢を多くの県民に知らせ、これまで通りのやり方で防衛局に面談を受けさせることを確認して、七時過ぎにその日の座り込みは解かれた。

（二月八日）

沖縄の声を聞け！――「米軍再編協定」に怒り

米国では「チェンジ」を掲げたオバマ新政権が発足したが、日米関係にも、日米両政府の沖縄に対する姿勢にも「チェンジ」の気配は見られないどころか、沖縄への差別・切り捨て政策はますます固定化されそうだ。

二月一六日に来日した米新政権のクリントン国務長官と中曽根弘文外相が翌一七日、「在日米海兵隊のグアム移転に係る協定」に署名した。沖縄地元紙はこれを一面トップで大々的に報道したが、全国メディアの扱いは極めて小さかった。しかし、国家間の取り決めとして国内法より優位とされるこの協定の持つ意味は重大だ。

グアム移転のための日本側拠出資金の上限（二八億ドル）を定めるという建前だが、実質は、グアム移転と普天間飛行場の名護市辺野古移設、嘉手納以南の基地返還を「パッケージ」として在日米軍再編のロードマップ（行程表）を推し進めるもの。「米軍再編協定」と言ったほうが本質を突いており、名称自体からして詐欺なのだ。これが国会に提出され、衆議院で可決されれば、参議院で否決されても参院送付後三〇日で自然承認、発効する。

県民の大多数が反対している辺野古移設が、私たちの手の届かないところで勝手に確認されたり、推進されたりすることに強い憤りを覚えずにはいられない。「沖縄の負担軽減のためにグアム移転する」と国民を騙し（沖縄では誰も騙されないが）つつ、沖縄県民の意思を両国家権力でねじふせるものだ。

沖縄では、ブッシュ前政権の沖縄政策を踏襲し、崩壊寸前の自公政権に代わる日本の次期政権にまで縛りをかけようとするオバマ政権への怒りが噴出している。沖縄選出の衆参両院議員六人（下地幹郎、照屋寛徳、赤嶺政賢、喜納昌吉、糸数慶子、山内徳信各氏）は連名で、クリントン・中曽根の署名に先立つ一〇日、中曽根外相に対し同協定への署名・交換の中止、辺野古・高江における新基地建設計画の中止等を求める要請を行い、また、県内有識者一四人は一六日、普天間飛行場の無条件返還を求める緊急声明を発表した。

二〇日、沖縄県庁前には、仲井眞知事へ表敬訪問に訪れたアイク・スケルトン米下院軍事委員長一行に対し、日英両文の横断幕を掲げて協定の撤回を求める市民、労組員らの声が渦巻いた。

昼休み時間、県庁前の県民ひろばで行われた「米国は沖縄の声を聞け！緊急県民集会」（ヘリ基地反対協、沖縄平和運動センター、沖縄統一連、平和市民連絡会、ヘリパッドいらない住民の会の五団体が共催）には二〇〇人以上が参加し、沖縄県議会の多数を占める野党県議団も勢揃いした。集会終了後も市民らは寒風の中、その場で座り込みをしながらスケルトン氏一行

スケルトン米下院軍事委員長のいる県庁舎へ向かって「沖縄の声を聞け！」とシュプレヒコール。（2月20日）

の到着を待ちつつ、街を行く人々へのアピールを行った。

一行の到着時には県議団代表が知事室前で、昨年七月に県議会決議した「新基地建設に反対する決議」をスケルトン氏につきつけ、それを包むように市民らは、県民ひろばから県庁舎六階の知事室に向かってシュプレヒコールを繰り返した。

（二月二一日）

「グアム移転協定」反対で東京行動

県議団代表が政府に意見書提出

沖縄県議会で三月二五日に採択された「名護市辺野古沿岸域の新基地建設につながるグアム移転協定に関する意見書」を日本政府に提出するために、沖縄県議会代表団五人が同協定の国会（衆議院外務委員会）審議中の四月六、七日、上京した。意見書の内容は、協定の批准を行わないこと、および、県民の目に見える形での基地負担軽減を求めること、などだ。「基地の県内移設に反対する県民会議」に加盟する各市民団体も同時に上京して県議団の行動を激励することになり、私もヘリ基地反対協議会の一員として上京団（八人）に加わった。

六日夜、その日の日中に野党各党への協力要請を行った県議団を迎え、「グアム移転協定反対沖縄県議会上京団に連帯する緊急集会」が都内の社会文化会館で開催され、沖縄からの上京団、沖縄選出国会議員、野党各党、沖縄に連帯する在京の市民団体など二五〇人が参加した。

沖縄県議会米軍基地関係特別委員会の委員長であり上京団の団長である渡嘉敷《とかしき》喜代子さんは、

横断幕を掲げて県議団を激励する市民上京団と在京支援者たち。（４月７日、防衛省前）

「意見書は県議会与党の一部も賛成して採択された。本土のマスコミはまったく取り上げないが、これは沖縄だけの問題ではない」と訴えた。

ヘリ基地反対協代表委員の安次富浩さんは、「北朝鮮のミサイル」は報道しても沖縄の基地については報道しないメディアの姿勢を厳しく批判。沖縄平和運動センターの山城博治さんは、石垣港への米海軍掃海艦の強行入港（三～五日）に対し、石垣市長・市議団を先頭に市民らがゲートを五時間封鎖した抗議行動についても報告した。

七日、県議団は意見書を携えて内閣府、外務省、防衛省などを訪問。私たち市民上京団と在京の支援者らは、防衛省前で横断幕を掲げて県議団にエールを送った。「日本政府の対応は各省庁とも極めて冷淡で落ち込みそうになったが、昨日の集会や皆さんの激励で元気になった」と県議らは語り、今後も議会と県民が一緒になって、沖縄の声をしっかり伝えていくことを確認し合った。

衆院外務委員会を傍聴

県議団は七日に帰沖したが、私たち市民上京団は翌八日まで滞在し、八日午前九時から午後五時まで、衆議院外務委員会を傍聴した。

野党側参考人として招請された伊波洋一・宜野湾市長、桜井国俊・沖縄大学学長の陳述はすばらしく、伊波さんは普天間飛行場の実態、宜野湾市民は県内移設を望んでいないことを明言、桜井さんは沖縄の歴史と現状、グアム移転協定やアセスの問題点を限られた時間で簡潔明瞭に語り、感銘を与えた。

与党側の二人の参考人は、グアム移転協定の目的は米軍の抑止力の維持、グアムを最新鋭の戦略基地にすることだと、本音ではっきり語ったので、沖縄の負担軽減のためという大義名分がまったくのウソであることがよくわかり、その意味で面白かった。

午後からの審議では、協定は国内法の上位に来るのか。日本では国会承認が必要なのに、米国では連邦議会の承認を必要としない単なる行政協定だというのは対等でなく、おかしい。協定承認後、政権が代わり政策が変わったら協定はどうなるのか、等々、野党各議員が追及したが、政府側の答弁に誠意は見られなかった。

論理では協定反対の側が勝っているのに、数で負けるという予測は悔しい限り。外務委員会で可決され、衆議院本会議で可決されれば、参議院で否決されても、参院送付後三〇日で自然承認になるからだ。

しかし、あきらめる必要はない。嘉手納以南の基地を返す代わりに、辺野古に新基地を造り、グアム移転経費（二八億ドル）を日本に負担させる（それが実現しなければ基地も返さない）という、「沖縄の負担軽減」を騙《かた》った不当な「詐欺協定」の本質を、より多くの人々に知らせ、次期政権でこれを撤回させることは充分可能だと思う。

外務委員会を傍聴するのにペンとノート以外は持ち込み禁止（ノートの中も調べられた）。身体検査され、まるで囚人のような扱いに、「主権者は私たちなのに！」と腹立たしく思った（一緒に傍聴した日本山妙法寺のお坊さんによれば、袈裟まで脱げと言われ、ケンカしたことがあるとのこと。あきれてしまった）。

傍聴を終えたあと、空港に向かうまでのわずかな時間に国会前座り込みに合流し、傍聴報告をさせていただいた。東京でも、沖縄に心を寄せて活動を続ける人たちがいることに元気をもらった。

蛇足だが、東京はちょうど桜が満開。国会周辺には桜の木がたくさんあり、私は何十年ぶりかに見るソメイヨシノの花吹雪にうっとり。沖縄のヒカンザクラも好きだが、ソメイヨシノはまた別の風情がある。残念ながら、ゆっくり桜見物、どころか、東京にいる息子に電話をかける暇もない超強行軍。八日の最終便に乗り、帰宅は午前様だった。

（四月一〇日）

【追記】一〇日の外務委員会で協定は強行採決。しかし、野党の奮闘の結果、政府は「協定に法的拘束力はない」との見解を示さざるをえなくなった（四月一〇日付『琉球新報』）。

沖縄から自公が一掃された！

八月三〇日に投開票された衆議院議員選挙で、大方の予測通り民主党が圧勝した。それは投票前から予想されていたことであり、政権のバランスから考えて「民主党圧勝」に危惧を持っていた私は、「民主党はどうせ勝つから社民党か共産党に入れてね」と友人たちに勧めていた。私の選挙区である沖縄三区の民主党候補者・玉城デニー氏が、普天間基地の辺野古移設には反対ながら泡瀬の埋め立てには推進の立場を取っていた（これは民主党沖縄県連の方針にも反する）ので、どうしても支持できなかったこともある。

ともあれ、沖縄では、四選挙区全てにおいて自公の候補者が落選するという沖縄の国政選挙史上初めての状況が出現した。小選挙区制に対する危惧を感じつつも、この「大掃除」に、これまでにないすがすがしさを味わったのは私だけではなかっただろう。基地問題をはじめ長年にわたって沖縄を差別・愚弄し続けてきた自公政権に対し、もうこれ以上我慢できないと県民が「ノー」を突きつけたのだ。民主党の支持基盤の薄い沖縄で、四区の瑞慶覧《ずけらん》長敏氏のように、ほとんど無名の民主党新人が地滑り的な勝利をおさめたことにも、それは現れている（玉城デニー氏も圧勝）。

逆に言えば、自民党の利益誘導型政治と、それにすり寄って利権のおこぼれをもらうやり方が限界に来ていること、にっちもさっちもいかない閉塞感が、これまでの自民党支持者をも離反させたのではないか。決して民主党を支持しているわけではないが、このまま自民党に頼っていては生き延びられないと感じている産業界も含め、ぎりぎりまで追いつめられた人々が多かったということだ。

降って湧いた災いのような新基地建設（普天間飛行場移設）計画に一三年間も翻弄されてきた私たち名護市東海岸住民にとっても、市民投票で示した住民意思を踏みにじり、どんなに声をあげても耳を貸そうともしなかった政権が崩壊し、全選挙区で新基地建設に反対する議員が選出されたことは何ものにも勝る喜びであり、大きな希望を与えるものだった。

しかしながら私は、私たちの上にのしかかるこの重荷を、自民党に代わって政権の座に着く民主党がほんとうに取り除いてくれるのだろうかと、未だに不安をぬぐい去れない。選挙前、民主党は普天間飛行場の「県外・国外移設」を主張しては来たが党のマニフェストには入れず、選挙後、それはいっそうトーンダウンしているからである。

私の住む名護市東海岸二見以北は、大浦湾に面した静かで自然豊かな地域である。山がちで耕地が少なく、これといった産業もないために人口が流出し、過疎化に悩んできた。そこにつけ込むように持ち込まれた基地建設計画に対し、地域は一丸となって反対に立ち上がったが、地域住民をはじめ名護市民が心血を注いで表明した「基地反対」の市民意思（名護市民投票の結果）が権力者によっていとも簡単に踏みにじられて以降、私たちは、いくら声をあげても自分たちの声が政治に届かない無力感を味わわされてきた。

権力に逆らっても無駄という絶望感に加え、防衛省予算で学校や公民館、診療所などが次々に改築あるいは新設され、地域振興という名目の補助金が注ぎ込まれるにつれて、地域には基地問題へのタブーが生まれ、住民が本心を語れない重苦しい雰囲気が漂うようになった。貧しくとも助け合い、築き上げてきた温かで緊密な人間関係・共同性はズタズタにされ、集落自治は侵食される一方だ。

過疎の解消、地域興しは住民誰もが望むところだが、地域興しは住民の心がひとつにならなければば達成できない。それを阻んでいるのは、私たちの誰一人望まなかったのに持ち込まれた新基地建設問題なのだ。二見以北の四小学校がこの四月から一つに統合され、三校が廃校になった事実は、基地がらみのお金や「振興策」が決して地域を振興などしないことを象徴的に示している。

太古の昔から地域住民の暮らしと文化を支えてきた海・山の自然を壊し、巨大軍事要塞とも言われる新基地がもし造られれば、この地域に住み続けられるのか、地域住民は不安におののいている。そして何よりも、基地は建設されない前から既に多大な精神的被害を与え、地域を破壊しているのだ。基地問題という重しを取り除かない限り、私たちの地域に未来はない。

私たちを勇気づけているのは、沖縄から選出された民主党二人、国民新党・社民党各一人の新衆議院議員たちが当選後も、辺野古への新基地建設反対でしっかりと結束していく姿勢を示していることだ。それは沖縄県民全体の民意でもある。「米国との信頼関係」を重視するあまり、民意を見誤るようなことがあれば、民主党も自民党と同じ道を辿るだろう。そうならないよう、私たちはしっかり主張し、見守っていく必要がある。

（九月五日）

新政権は未来を開くか？

民主党を中心とする鳩山政権が発足（九月一六日）して一〇日が経った。多くの国民が新政権の一挙手一投足を固唾を呑んで見つめている。沖縄県民の最大の関心事は言うまでもなく、普天間飛行場の辺野古移設（新基地建設）を含む在日・在沖米軍再編の行方だ。（社民党が政権に入るに当たって

「辺野古移設反対」の主張を曖昧にしてしまったことにはがっかりしたが、社民党の前身の社会党には村山政権で手痛く裏切られているので、今さら驚きはしない。）

地元二紙も連日、この問題に対する新政権の動きや閣僚の発言を報道している。「県外・国外移設」を主張してきた民主党だが、自民党顔負けの超タカ派から平和主義者まで含む党の体質を反映して、発言や態度はバラバラだ。岡田克也外相は辺野古移設合意の見直し、そのための対米交渉に積極的で、県内マスコミのインタビューに答えて、（環境アセスの終わる）年内が判断時期だと言っている。

新政権に新基地建設の中止を求めた県民集会（９月18日、沖縄県庁前）

一方、北沢俊美防衛相は、見直しは困難とし、二五日に来沖した際も「県外移設に慎重な姿勢を示した」（二六日付『琉球新報』）という。また、現在行われている環境アセスの手続きについても、「マイナスにはならない」「後日も重要なデータになる」ので「やめるという選択肢はない」（一八日付同紙）と述べ、小沢鋭仁環境相も継続の方向だ。

九月一八日夕刻、基地の県内移設に反対する県民会議は沖縄県庁前の県民ひろばで集会を開き、県議会各会派議員を含む五〇〇人余りの参加者が新政権に対して普天間飛行場の即時閉鎖・返還と県内移設反対を訴えたが、その際にも、防衛相や、とりわけ環境相ともあろう人が、裁判にまで持ち込まれた辺野古アセスのでたらめさ、アセス調査による環境破壊を知らないのかと、その無知を批判する声が相次いだ。

今朝（二六日）の『琉球新報』は一面トップで、二一日から訪米している鳩山首相が「普天間『県外』変えず」「米と時間かけ協議」（いずれも見出し）と言明したと報じている。同行記者団に対し、県外移設を前提に移設計画を見直す考えを表明したという。

仲井眞県知事をはじめ県首脳部は、新政権の真意を図りかねて「困惑している」と伝えられるが、少なくとも新政権が、これまでの自民党政権のやり方をそのまま踏襲するわけにはいかないだろう。これまで期待しては裏切られ、さんざん踏みつけにされて来た県民は、新政権に期待しつつも、冷めた目でその手腕を見守っている。先日、東京から来たある記者から、新政権になって基地反対運動はどう変わるのかと聞かれたので、私は「やることは何も変わらない。これまでと同じように訴え、行動していくだけ」と答えた。

前原誠司沖縄担当相（国土交通相兼務）が、泡瀬干潟埋め立てについて「一期中断・二期中止」を表明した（一七日）のはうれしいニュースだった。翌日の県民集会で泡瀬干潟を守る連絡会の前川事務局長に会ったので、「よかったですね」と労《ねぎら》うと、「あと一歩ですよ」と笑顔で握手を返してくれた。

「事業に経済的合理性なし」として公金支出差し止めの判断を下した那覇地裁判決（昨年一一月）に対し沖縄市と県が控訴した控訴審の判決が、一〇月一五日に出る。これまでの訴訟の経過や全国的な流れから見て、一審判決を支持するものになるのではないかと期待が持たれている。新政権もそれを踏まえて最終判断を行うだろう。

新政権と直接関係はないが、やんばるの森の生態系をズタズタにしている林道について、県が費用対効果を算出するための基礎資料を所有していないことが明らかになった（一九日付同紙）。建設中・計画中の一〇林道の開設工事に対する公金支出の差し止めを求めている「沖縄命の森やんばる訴訟」の口頭弁論において県が明らかにしたもので、資料の裏付けもなしに（勝手に）費用対効果があると数値まで出しているお粗末さに、原告側代理人の市川守弘弁護士は「笑っちゃう」とあきれていたという。

県議会では林道予算は通過してしまったが、あまりにも非常識で無駄な公共事業であることが明らかになった以上、新政権のメスが入るのは間違いないと期待がふくらむ。

少しずつだが、やはり状況は、時代は、変わりつつあると思う。長い間、地道な市民運動が積み重ねられてきたからこその成果だが、それが日の目を見つつあることがなによりもうれしい。

（九月二六日）

青年会エイサーで盛り上がった第11回満月まつり

第一一回満月まつりが一〇月一八日（日）、大浦湾に面した瀬嵩の浜で開催された。当初一〇月四日（旧暦八月一六日）を予定していたのだが、台風接近のため延期。二週間遅れの旧暦九月一日、満月ならぬ「新月まつり」となってしまったが、月の代わりにたくさんの星がきらめく夜空の下で、

満月祭りの最後を飾った瀬嵩青年会のエイサー（10月18日）

心地よい浜風に吹かれ、波の音を聞きながら、地元内外の多くの人たちが楽しんでくださったようだ。二週間も延期したので忘れられてしまったのでは?という心配をよそに、出演者・スタッフを含め約二〇〇人の参加で賑わった。

目の前に広がる大浦湾・辺野古の海に基地建設計画が持ち上がって一三年。満月まつりは、地域の自然と暮らしを守りたいという住民の心に寄り添い、それを支えようと続けられて来た。新政権になって計画撤回へのほのかな希望も見えてきた（まだまだ揺れているので安心はできないが）時期とあって、「来年は、基地撤回のお祝いのまつりだ!!」と、明るい声が飛び交った。

埋立てに対する公金支出差し止めを命じる画期的な高裁判決が出たばかりの泡瀬干潟を守る連絡会、東村高江のヘリパッドいらない住民の会も展示や出演に奮闘していただいた（大潮の波に危うく展示写真がさらわれそうになり、急いで避難する一幕もあったが）。

今回の最大のビッグイベントはなんといっても、まつりの最後を飾ってくれた地元・瀬嵩青年会のエ

好評だったハワイアン・フラ（左端が私です！）

イサー。勇壮な太鼓の音と青年たちの躍動的な動きが浜を駆け抜け、チョンダラーがおどけてみせると、まつりは最高の盛り上がりを見せ、指笛が鳴り響いた。

青年会の初めての参加は、基地問題で引き裂かれてきた地元が一つになり、満月まつりが地域のまつりとして定着していく未来を示しているようで、思わず目頭が熱くなった。

出演者、ボランティアスタッフをはじめ参加してくださったすべての方々に、まつり実行委員会の一員として厚くお礼を申し述べたい。

（蛇足ながら、私は今回の満月まつりで、見事？フラダンス・デビューを果たした。そこに至るまでには、一年近くにも及ぶ汗と涙？の特訓があったのだ……）

（一〇月二〇日）

奇々怪々の辺野古違法アセス

なんと五四〇〇頁!!――辺野古アセス準備書の公告縦覧始まる

普天間飛行場代替施設（辺野古・大浦湾沿岸新基地）の環境影響評価（アセスメント）準備書の公告縦覧が四月二日から始まっている。縦覧期間は一ヵ月。準備書に対する意見書の提出が五月一五日まで（当日消印有効）となっている。

アセス法の精神に反する縦覧方法

縦覧開始の数日前、私は、同施設の事業者である沖縄防衛局に電話し、移設予定地とされる名護市東海岸（久志地域）の各公民館で、それが無理なら最低、名護市役所の久志支所だけでも縦覧場所にして欲しいとお願いした。応対した同局広報室の職員は「ご要望は伝えます」と言ったが、結局それは実現せず、今回も方法書の時と同様、五ヵ所（沖縄防衛局、同辺野古出張所、沖縄県庁、名護市役所、宜野座村役場）のみで縦覧されることとなった。

北限のジュゴンが生息し、アオサンゴやハマサンゴの大群落、クマノミのコロニーなど、世界的にも貴重な生態系が次々に明らかになっている辺野古・大浦湾海域に巨大な基地を造るこの計画の環境アセスには、今や日本中、否、世界中の関心が集まっている。それなのに、公告縦覧場所はわずか沖縄県内の五ヵ所のみ。そのすべてが官公署なので、平日の九～一七時しか見ることができない。このことだけでも、市民とのコミュニケーションの道具と言われるアセス法の精神に反している。

しかたなく、山を越えて西海岸の名護市役所まで出かけたのだが、準備書を実際に目にして唖然とした。まず場所がよくない。庁舎の入口近く、人が行き交い、風の吹き渡る場所。落ち着いてゆっくり見るには不適当だ。

3分冊計5400頁のアセス準備書。ワイヤーで机に繋がれている。（名護市役所にて）

狭い机の上に、三分冊の準備書とその概要書が二セット置かれている。準備書の厚さに驚いた。なんと五四〇〇頁もある。仕事を持つ普通の市民が全部目を通すのはとうてい無理だ。さらに驚いたことに、書類はすべてワイヤーでつながれ、コピーも不可だという。

地域の友人は、仕事の休みをもらってわざわざ行ったのに、既に閲覧者がいてなかなか終わらないので、閲覧できないまま帰ってきたとこぼしていた。

概要書は二五〇〇頁だが、そこでは肝心の調査結果がほとんど省かれている。準備書は、アセスの方法書に基づいて調査した結果を報告するものだから、それが載っていない概要書はあまり意味がない。

当初、概要書のみをホームページで公開していた沖縄防衛局は、全文を公開すべきだという県内外の自然保護団体や市民の強い声に押されるように、九日、全文公開した。そのことは評価したいが、それでも、ダウンロードするだけでも膨大な時間がかかるし、インターネットを使えない環境にある市民も多い。

アセス法では、準備書の縦覧期間中に説明会を開くことが義務づけられている。防衛局は、これを形式だけのアリバイ的な説明会にするのでなく、地元はもちろん、県内外のできるだけ多くの場所で、各複数回の説明会を行うべきだ。

さらに、予定地の海は、世界最大の自然保護団体である国際自然保護連合が三回も続けて保護勧告の決議を行っている北限のジュゴンの生息域であり、米国でジュゴン裁判も継続中であることから、準備書を英訳してWeb公開すべきだとの要請も行われている。

膨大な調査の結果は「環境影響なし」?

限られた時間の中で、ごくわずかを拾い読みしただけだが、四五〇〇頁近い膨大な量の調査結果から導き出された結論（総合評価三二頁）が「影響は少ない」というのでは、市民常識からあまりにも遠い。方法書も確定しないうちに海上自衛隊まで投入して事前調査を強行し、莫大な血税を使ったあげく、方法書に対して出された市民のさまざまな疑問や懸念にも、沖縄県や専門家の意見にも何一つ答えていない。

ジュゴンだけをとってみても、沖縄県は最低複数年の調査が必要だと要請したにもかかわらず、わずか一年だけの調査で、沖縄島周辺の生息数は三頭（東海岸一頭、西海岸二頭）、辺野古は生息域ではないので基地建設の影響はない、と結論づけている。その乱暴さにはあきれるはかない。

辺野古海域には、広範囲にわたる良好な海草藻場（ジュゴンの餌場）があり、以前はジュゴンの食《は》み跡がたくさん見られた。それが見られなくなったのは、基地建設のためのボーリング調査を強行しようと、防衛局が雇ったたくさんの作業船が走り回るようになった二〇〇四年頃以降だ。音に敏感で、人間活動から身を避けるジュゴンを、命綱である餌場から追い出しておいて、生息域でないとは、本末転倒も甚だしい。ここに静けさが戻れば、ジュゴンは必ず戻ってくるはずだ。

ジュゴンは移動する動物であり、生態も未解明の点が多い。専門家は、ジュゴンの個体数を維持するには、現在よりも良好な生息環境が必要だと言っている。もし、防衛局が言うように三頭しかいないのだとすればなおのこと、基地建設などできるはずがない。準備書をどう読んでも、建設計画は即刻中止し、佐渡のトキ以上に危機的状況にあるジュゴンの保護計画を早急に立てるべきだという結論しか考えられない。

一昨年の方法書で最初に示された事業内容が一七頁しかなく、専門家や市民、沖縄県環境影響評価審査会による再三の追及の結果、膨大な追加資料（これについて市民が意見を述べる機会は与えられなかった）が出され、「後出しジャンケン」と批判されたことは記憶に新しいが、今回の準備書もまた、同様の批判を浴びている。方法書にはなかった事業内容（四つのヘリパッド、船舶が接岸できる二〇〇mの護岸、汚水処理浄化槽、給油エリアなど）が、準備書に突然現れたのだ。「これは事業内容の変更に当るので、方法書からやり直すべきだ」と市民団体は要求している。　（二〇〇九年四月一五日）

アリバイ作りの説明会に怒り

沖縄防衛局は、辺野古新基地のアセス準備書説明会を建設予定地域の三ヵ所（二二日＝名護市久志支所、二三日＝宜野座村松田公民館、二四日＝名護市辺野古公民館）で行った。

辺野古の浜で行われた座り込み５周年集会でも、アセス準備書への意見書提出が呼びかけられた。（４月18日）

七〇名もの防衛局職員を動員し、ものものしい雰囲気の中で行われた説明会は、それだけでも、事業者と市民・住民との合意形成というアセス法の精神を踏みにじるものだった。アセス法によって事業者に義務づけられているので仕方なくやるという姿勢が見え見えの、単なるアリバイ作りでしかなかった。

説明会の中身も同様にひどいもので、五四〇〇頁にも上る準備書の内容（調査結果と予測・評価）を一時間で説明。「意味がわからない」の声が上がった。各項目毎に「（環境影響については）事業者の実行可能な範囲でできる限り回避・低減が図られている」と繰り返す説明に失笑が漏れた。

質疑応答はわずか二〇分。地域住民の最大の関心事である騒音やオスプレイの配備、海岸地形の変化、埋立土砂の採取などの質問に何一つまともに答えず、多くの手が上がっているにもかかわらず、一方的に打ち切った。

沖縄ジュゴン環境アセスメント監視団では、これらの説明会へのできるだけ多くの参加を呼びかけ、防衛局に対してというより説明会に参加した地域住民に対して、準備書の矛盾や問題点を印刷物や口頭で伝える活動を行った。私も久志支所と松田公民館に参加したが、防衛局の機械的な説明（三回とも出席した友人は、資料を棒読みしている若い職員を「まるでテープレコーダー」とこき下ろした）や、住民をバカにした、あるいは高圧的な態度に気分が悪くなった。

久志支所では「時間延長」「再度やってほしい」との要望も無視して席を立つ防衛局に対し、「逃げるな！」と怒りの声が渦巻いた。私は、地域住民として発言しようと最初から手を上げ続けたが、意図的にか（？）無視された。松田区では「都合の悪いものはすべて隠して説明している」「三ヵ所だけの説明会は納得できない。これだけの職員がいるなら各地に分配して説明せよ」と参加者が詰め寄る一幕もあった。

アセス監視団では、準備書に対する意見書の集中を、県内はもちろん全国に呼びかけ、意見書を書くための参考資料として、膨大な準備書の項目毎に担当者を決め、問題点を抽出して意見書の雛型を作る作業を進めている。座り込みの続く辺野古テント村には意見書を書くコーナーが設けられ、反基地・自然保護の各市民団体や県内大学でも準備書に関する勉強会や、意見書を書くためのワークショップなどが連日行われ、あるいは予定されている。

（四月二八日）

防衛局へ六〇〇〇通近い意見書

アセスの専門家から「史上最悪の独善アセス」という「太鼓判」を押された普天間飛行場代替施設アセス準備書に対する意見書提出期限の五月一五日、沖縄ジュゴン環境アセスメント監視団、沖縄統一連、奥間川流域保護基金など五団体は嘉手納町の沖縄防衛局に出向き、それぞれが集約した合計五八二五通の意見書を合同で提出した。前回方法書への意見書約五〇〇通のなんと約一二倍に当る。防衛局へ直接送られたものも含めると、もっと増えるだろう。

アセス監視団で、準備書のページ数五四〇〇をめざそうと話が出たときは夢の目標だと思ったが、夢が達成された。事業に対して市民・住民が意見を言える最後の機会を最大限生かそうと、多くの市民団体・個人が力を尽くした成果だ。事業者のやるアセスであり、ゼロ・オプションのない現行法で基地建設そのものを止めることはできないが、日米両政府に対する大きなプレッシャーになることは間違いない。

防衛局はこれらの意見書をとりまとめて沖縄県に送り、舞台は今後、沖縄県環境影響評価審査会の場に移る。方法書段階の審査会では、審査会委員、審査会事務局を務める沖縄県、事業者である防衛局、傍聴の市民が、ある時には激しくやりあい、ある時には協力し合って真摯な議論が行われた。アセス監視団では、方法書段階よりさらに充実した傍聴態勢を作ろうと話し合われている。

私の意見書（一部）

私ももちろん意見書を出した。長すぎるので全文は紹介できないが、アセス監視団の中で私が担当した三つの項目（景観、人と自然との触れ合いの活動の場、歴史的・文化的環境）の　部を紹介したい。それらは、他の専門家があまり触れないであろう項目であり、かつ、私にとって自然や環境の持つ最も大切な意味に関わるものであるにもかかわらず、不当に軽んじられていると（怒りを）感じるからである。

〈意見の項目〉景観について

〈意見の内容およびその理由〉

@景観を、単に目に映る眺めとしか捉えていない。私たちは自然を眺め、自然に抱かれる（囲繞される）ことによって精神的な安らぎなど、目に見えない恩恵を得ている。その場所に基地が建設され、存在し、ヘリや軍用機が飛び回ることによる価値の低下は計り知れない。

@施設建設による囲繞景観の変化を面積でしか捉えないのはきわめて不当である。騒音や事故への不安、基地があることで戦争に巻き込まれる不安などをもって眺める風景は、それがない場合とはまったく異なるものであり、景観の価値を大きく損なう。例えば七％の変化が「非常に小さい」（『準備書』）とはとても思えない。

@「景観資源」として山五地点、島三地点、樹木五点が上げられているが、これらのみを取り上げた根拠が不明である。

@景観の価値としての「固有性」のとらえ方がおかしい。山地・島嶼のみが固有性が高く、湿地や砂浜、また集落などは固有性は低いとされているが、地域の生態系全体が（それがある程度破壊あるいは攪乱されているとしても）固有のものであり、集落のように人為が加わったものについても、歴史性を含む固有性を持っている。

@「平島については地域の住民の方たちによる利用はなく」（『準備書』）は事実に反している。平島は古くから地域住民に親しまれ、現在も利用されている場所である。辺野古区事務所発行の字誌『辺野古誌』にも「この島は村人が最も親しんできた無人の島である」「住民の楽しい行楽の場として親しまれてきた」との記述がある。現在も多くの地元および近隣住民に利用され、浜下りの時期には、船を仕立てて島に渡る人々でいっぱいになる。「浜下り調査」を行った、と記述されているにもかかわらず、利用がなかったというのは不可解である。調査方法が不適当だったのではないか。また、「供用後は立ち入りができない区域とな」る（『準備書』）ことによる影響は多大であり、その予測および評価も必要である。

@「ヒアリングの結果、すべての景観区分において普遍価値、固有価値ともに概ね下がる結果となりましたが、多様性、自然性、固有性については大きな変化は見られませんでした」（『準備書』）という文章は、前半と後半が明らかな論理矛盾を来たしている。普遍価値＝多様性、自然性であり、固有価値＝固有性であるから、文章は前半だけで充分であり、後半はいらない。この文章は「黒は白である」と言っているのと同じである。

〈意見の項目〉人と自然との触れ合いの活動の場について

〈意見の内容およびその理由〉

@人は自然の一部であり、自然は、人間がそれなくしては生きられない基盤である。利用を含む自然との触れ合いは、人が生きる上での基本的・必然的な営為である。レジャー的利用や施設利用は、そのごく一部分であり、しかも本質的でない部分に過ぎない。したがって、そこに偏った調査は一面的であり、人と自然との触れ合いの本質を捉えていない。

@辺野古の人々と自然との関わり（触れ合い）の基本は、イノーおよびピシ（干瀬）との関わりであるが、それにまったく触れられていないのは致命的な欠陥である。『辺野古誌』にも「干瀬からイノーは村の人々の生活圏であり、そこを中心に経済的にも深く関わってきた。海は、漁民だけでなく、シマ（村）に住む人々にとって陸地同様、生活とのつながりが深く」「その浅瀬海域はイザリ漁の範囲であり」「ピシは住民との関わりが深く」「旧暦の一日・一五日前後になると、住民はピシに乗り出してタコや貝類漁りを楽しむ」等々の記述がある。それは現在でも変わらない。基地建設がイノーやピシにどんな影響を及ぼすかを調査・予測・評価することが必要である。

@「○○には人と自然との触れ合い活動の場はない」という表現が随所にあるが、これも、人と自然との触れ合いを一面的にしか捉えておらず、不当である。埋立により浜下り場所が二箇所が消失しても他の場所が利用可能、とか、工事終了後に出現する埋立地や護岸が代わりになる、という『準備書』の認識は間違っている。場所の固有性は置換不能であり、人工的に造られた埋立地や護岸は自然のものとはまったく違う。

@基地建設によるさまざまな自然の改変・破壊がもたらす人と自然との関係の変化は複合的・重層的であり、精神的なダメージも大きい。基地ができれば、人と自然との関係がより疎遠になってしまうであろうことは素人が常識で考えてもわかる。にもかかわらず、膨大な調査費を使ったあげく、すべての項目が判で押したように「変化・影響はない」「少ない」と予測されているのは、きわめて不当である。

〈意見の項目〉歴史的・文化的環境について

〈意見の内容およびその理由〉

@文化財、御嶽や拝所、伝統行事や祭礼の場等の調査結果により、この地域が歴史的・文化的環境に優れていることがよくわかる。そもそも、伝統行事を含む地域の文化は、その地域の自然と歴史に育まれて成立したものであり、文化的環境の豊かさは地域の自然の豊かさの反映であり結果である。したがって、これらの場所が施設区域や工事区域内にない、またはそこから工事や施設が見えないので影響はないと予測するのは、きわめて皮相かつ本末転倒である。場が成り立つゆえんである地域の自然が破壊・改変されれば、場そのものも崩壊ないしは形骸化すると予測するのが妥当である。

@伝統行事に関する場所として平島が漏れている。『辺野古誌』にもあるように、辺野古の祭祀には平島およびその周辺で採れる海の幸を供えるしきたりとなっており、施設建設によって平島への立ち入りができなくなることは、辺野古の祭祀に大きな支障を来たすと予測される。辺野古のお年寄りは「てぃだ（太陽）の上がる平島・長島の方角は神聖であり、そこに基地を造れば罰が当る」と言っている。

@拝所としてトングヮおよびそこに祀られている龍宮神が漏れている。現在は辺野古漁港の堤防で陸地とつながっているが、かつては地先の離れ小島であり、『辺野古誌』によれば「シマの古老たちは、トングヮを村のフンシー（風水＝魔除け）としてあがめ、旅の安全を祈願した」「（かつて根神職が）天人がこの岩島に降臨してから西南の前ヌ御嶽へ来臨する聖地である（と語った）」という。トングヮには龍宮神が祀られており、パワーの強い神として沖縄各地のカミンチュをはじめ参拝者が後を絶たない。漁港建設とともに堤防より上に祠《ほこら》が移されたが、もとは波打ち際に近い場所にあった。「そこが本来の場所であり、移すべきでなかった」と言う人も多い。その本来の場所は、作業ヤードとして埋め立てられる計画であり、調査・予測・評価の対象にすべきである。

＠高墓やアジ墓のあるタカシダキも作業ヤード埋立によって直接影響を受ける場所であるが、これも漏れている。

（五月一八日）

防衛局がアセス法違反の「追加調査」

辺野古新基地のアセス準備書に対して、沖縄内外の市民・住民や専門家から六〇〇〇通近い意見書が提出された（沖縄防衛局の発表では五三一七通）ことは前述した。アセス法によれば、準備書とは、方法書にもとづく環境調査を終えてから、その結果を報告し、事業の影響を予測するものだ。だから、準備書提出後に調査が行われるとは誰も予想しなかった。

ところが事業者である沖縄防衛局は、五月連休明けから辺野古・大浦湾での環境調査を再開。沖縄選出国会議員らの調査で、来年三月までの「追加調査」が予定されていることが明らかになった。

しかもそれは、方法書にもとづく過去一年間の調査と同様、サンゴ着床板、ジュゴン調査のための水中ビデオカメラ・パッシブソナーなどを設置して行う本格的なものだ。

準備書を出したあとで調査を行うなど前代未聞であり、アセスの手続きの中に「追加調査」という項目は存在しない。これはいったい何なのか？　方法書に対する意見の中で沖縄県知事は「複数年調査」を求めたにもかかわらず、防衛局は一年の調査で充分だとして打ち切った。「追加調査」が必要なほど調査が足りなかったのなら、なぜ二年間の調査を行ってから準備書を出さなかったのか？

一昨年、不備だらけの方法書に批判が集中し、調査が遅れそうなことに焦った防衛局は、海上自衛隊まで投入して「事前調査」を強行した。今回の「追加調査」なるものもそれと同様、アセス法に違反してでも「二〇一四年までの施設完成」という日米合意（防衛局にとっての至上命題）に間に合わせようとする意図が見て取れる。法を守るべき国が自ら、法を形骸化・破壊する行為は許されないと、アセスの専門家をはじめ県民から強い批判の声が上がっている。

防衛局は、「事前調査」も「追加調査」も防衛省の所掌事務の遂行、つまり自主調査であり、アセス法とは関係ないと居直っているが、法に規定されない何でもありの調査はサンゴの破壊やジュゴン追い出しの危険性が大きく、いっそう問題だ。

また、あまりにもずさんな方法書が批判を浴びたため、膨大な追加・修正資料が後出しされたが、それに対して市民は意見を言う機会を保証されなかった。今回の「追加調査」に対しても私たちは意見を言う機会はなく、これもアセス法違反だ。

ヘリ基地反対協議会、沖縄平和市民連絡会、ジュゴンネットワーク沖縄などの市民団体は、防衛局に対し「追加調査」の中止や、沖縄県に対し海域調査に必要な公共用財産使用協議書に同意しないよう申し入れを行ったが、県は財産管理上の支障はないとして同意し、連日の調査が続行中だ。ジュゴン保護団体は、調査に名を借りた意図的なジュゴン追い出しではないかと警戒を強めている。

今後、提出された意見書を防衛局がとりまとめて県知事に送付したあと一二〇日以内に県知事意見を出すことになっており、その間に沖縄県環境影響評価審査会が開催される。アセスの専門家からも、そのでたらめさを指摘され、「やり直し」の要請が出ている辺野古アセスに県民の意思を反映させるために、審査会の論議に注目し、声を届けていきたい。

（六月五日）

違法調査の中止を要請……防衛局はしどろもどろ

六月二九日、ヘリ基地反対協議会は嘉手納町の沖縄防衛局を訪ね、「環境影響評価法に基づかない違法な環境調査の中止を求める要請」を行った。アセス準備書の提出後、現在も継続中の辺野古・大浦湾海域での環境調査はアセス法違反であり、ジュゴンを追い出すことになるので中止すべきだ、という内容である。

交渉には、名護から反対協のメンバー、中南部の支援者らを含め約二〇人が参加。対する防衛局側は、上谷さんという課長補佐（何課かは不明）をはじめ若手職員（きっとエリート官僚の卵なんでしょうね）が五人。

反対協代表委員の安次富浩さんが読み上げた要請書に対して、防衛局側は「現在やっている調査は、準備書を作るための環境調査とは目的も根拠法もちがう。アセス法に基づくものではなく、防衛省の所掌事務の範囲である。今後の（アセス法に定められた）事後調査・環境監視調査に資するためにデータを蓄積している。今後も継続していく」と回答した。

以下、やりとりを簡単に要約すると（@は反対協側発言）――


@アセスの調査と同じ会社がやっており、契約名も「環境現況追加調査」となっている。明らかにアセスの調査を準備書提出後にやっており、違法だ。

防衛局：契約名はそうだが、所掌事務だ。

@準備書のために一年間やった調査とまったく同じ内容の調査を同じ手法で、あと一年やることになっている。なぜ、二年間やってから準備書を出さなかったのか。

防衛局：調査の中身は同じでも目的が違う。あくまで事後調査に資するためだ。

@事後調査はアセス法に基づくものだ。それに資する調査ならアセス法の範囲ではないか。

防衛局：……

@一年では調査が不充分だったということか。

防衛局：方法書に対して知事から複数年調査を求められたので…

@〈私〉追加調査で準備書と違う結果が出たらどうするのか。準備書では辺野古にはジュゴンはいないと言っているが、もし見つかったらどうするのか。

防衛局：……（ぐっと言葉に詰まる）…、まだ結果が出ていないので言えない。

@ジュゴンが見つかったら発表するのか。

@最初から（アセス手続きを）やり直すのか。

防衛局：大きな違いが出るとは考えていない。

@ジュゴンを追い出す調査だということについてどう認識しているのか。

防衛局：追い出すという認識はない。同様の調査を行っている嘉陽にはジュゴンがいる。

沖縄防衛局への要請を終えて玄関前で。（6月29日）

@〈私〉以前は辺野古沖にもジュゴンはいた。なぜいなくなったのか、その原因がわかっているのか。

防衛局：……原因は特定しかねる。はっきりわからない…

@〈私〉原因がわからなければどうやって保全するのか。

防衛局：……

@原因が特定できないのに準備書を出したということだ。


防衛局側は終始しどろもどろで、上谷さんの顔は赤くなったり青くなったり。午後四時からの交渉だったため、五時で担当事務官より打ち切り宣言。私たちの申し入れへの対応を、防衛局は常に閉庁前に設定する。一時間以上は対応しないぞ、と言いたいのだろう。
とうてい納得できない私たちは、再度の交渉を要請して防衛局を後にした。

（六月三〇日）

どうなる？海砂採取

辺野古新基地建設のために使われるという海砂（埋立土砂）のことがずっと気になっている。

沖縄防衛局は、昨年一月に開催されたアセス方法書に関する沖縄県環境影響評価審査会で、埋立に使用する約二一〇〇万立方メートルの土砂のうち約一七〇〇万立方メートル（ダンプカー約三四〇万台分）を沖縄島近海で採取すると説明した。この分量は、〇六年の沖縄県全体の海砂採取量の一二倍以上に当たり、沖縄島のすべての砂浜が消えてしまうと厳しい抗議の声が上がったため、その後に防衛局が出した「追加・修正資料」では、埋立土砂の調達について「現段階においては確定的なことを申し上げることはできません」とぼかし、今年四月に出したアセス準備書においても同様の表現になっている。しかしながら、他府県においては海砂採取の総量規制が行われており、また、以前は使われていた中国砂も現在は輸出禁止になっているため、沖縄島近海から採取するのではないかという不安をぬぐうことはできない。

「海の生き物を守る会」のメールマガジン「うみひるも」五月一日号によれば、佐賀県唐津沖での海砂大量採取によって巻き網の漁獲量が激減したため、「巻き網船団が海砂採取をやめさせるように県に要求している。しかし海砂採取業者は、周辺漁協の同意を得て正規の手続きによって許可を得ていると主張し、県も口を出そうとはしていない」「最近、瀬戸内海で海砂の採取がほぼ禁止されたことから、九州や沖縄などでの海砂採取が増加している」という。

私の近隣の嘉陽《かよう》集落は一昨年の台風時、海砂採取の影響と思われる大被害を被った。同集落では、海砂採取をやめるよう再三要請してきたにもかかわらず、唐津と同様、漁協の同意があれば採取は「適法」となるため、地域住民の意思は無視され続けている。漁協には補償金が入るが、地域住民と沿岸生態系が受けるのは被害だけだ。

砂浜の減少（ウミガメが産卵できなくなった場所も少なくない）、海岸地形の変化など、みんながおかしいと感じていても、複数の原因が絡み合っているため、因果関係の証明は難しい。海砂採取には大きな利権が絡んでいるという噂も聞こえ、防衛局のごまかしの説明の裏に、海砂採取にまつわる巨大な闇が覗いているようで、背筋が寒くなる。

気をもんでいるところへ、沖縄県議会野党が海砂の総量規制の県条例制定へ向けて動き出そうとしているという情報が入ってきた。基地問題とは切り離して、与党（自公）も含む全会一致をめざしているが、与党は、この時期に規制を持ち出すのは基地建設阻止のためではないかと警戒しているという。

海砂はコンクリートの骨材として必要不可欠の資源だ。一挙に大量に取れれば枯渇してしまい、産業界も困るだろう。将来の公共工事を持続するためにも総量規制は必要だ、という共通認識が持てないだろうか…。

県議会の動きを何とか支えたくて、先日、海砂問題に関心を持っている友人と一緒に、彼女がインターネットで集めてくれた海砂に関する資料を、与党も含む県議会全会派に届けた。野党議員が、九月議会での提案に向けて勉強会などもやりたいと言ってくれたのは心強かった。（七月七日）

アセス審査会と地形模型

七月一四日、那覇市の自治会館で開催された沖縄県環境影響評価審査会を傍聴した。辺野古新基地のアセス準備書に関する第二回目の審査会だ。

一回目は六月一五日だったが、沖縄防衛局が準備書に対して提出された意見書をとりまとめて沖縄県に提出したのが同日だったため、審査会事務局である沖縄県環境政策課の日取りの設定の仕方（審査会委員がまとめに目を通す時間がない）について批判の声が上がった。

その日、私は傍聴に行けなかったが、新聞報道や傍聴した人の話によると、事業者（沖縄防衛局）側から準備書について説明を受けた審査会の津嘉山《つかやま》正光会長はのっけから、「なぜ辺野古に移設しなければならないのか。政治的背景でなく環境の面から根拠と経過を説明せよ」と鋭い質問を浴びせたという。三〇人もの職員を動員した防衛局は質問に答えることができず、詰めかけた傍聴人の前で、しばし沈黙。「次回に説明したい」と答えるのがやっとだった。

二回目の審査会で、それに対して防衛局がどう説明するのか、私は楽しみにして行ったのだが、真っ先に回答を求めた津嘉山会長に対し、防衛局は「沖縄本島の西側は那覇空港があるので東海岸が適当。キャンプ・シュワブ沖は水域が広く、後背地として海兵隊の基地があり、地元への影響も少ない。〇四年八月にヘリが墜落する事故もあり、普天間基地を一日も早く移設する必要がある」等々、相変わらずの説明を繰り返すだけ。津嘉山さんは苛立ちを隠せず、「環境への影響について納得のいく説明をして欲しい。環境調査をやった結果、なおかつここ（辺野古）でないといけないという説明が必要だ」と、次回での再度の説明を要請した。

その他、各委員から、「事業者の実行可能な範囲でできる限り（影響を）回避低減する、の規準は？」「ジュゴンの複数年調査をしなかったのはなぜか」「辺野古には大量の藻場があるのになぜジュゴンが寄ってこなくなったのか」「影響が軽微、とする根拠が示されていない」「汀線や地形の変化は連鎖的に続いていく。変動の現象が終息するのはいつなのかの予測が必要」「植物プランクトン、動物プランクトンの未同定がそれぞれ三〇％、五〇～四六％もあるのに自然環境の現況を把握したと言えるのか」「洗機場の薬品や廃水の処理はどうするのか。飛沫が海を汚染しないか。処理困難なものはどうするのか」「普天間基地の実態を踏まえた予測が必要だ」等々、たくさんの疑問・質問や意見が出されたが、防衛局の回答のほとんどは「準備書の何頁に書いてある」。会長をはじめ委員たちは「きちんと説明できていない」「納得のいく説明を」と繰り返さなければならなかった。

非常に興味深かったのは、事業計画地域の植生に関する横田昌嗣委員（琉球大学理学部教授・陸域植物）の指摘だった。「この地域は、（国頭・東村などと比べて）少し劣化したやんばるの植生だと思っていたが、そうではないことがわかった。やんばるの植生を持ちながら、そこには出てこない湿地性の植物がたくさん出ている。これらは恩納村と名護市にしかない植物で、事業によってそれらの五〇%が消失してしまうことになる。特に、ほかにはほとんど生息せず『陸のジュゴン』とも言うべき絶滅危惧種のナガバアリノトウグサ（小型常緑多年草）などがほとんど消失してしまう」と、彼は危機感を露わにした。

私も、名護の植生は国頭村などと比べて少し豊かさが劣ると思い込んでいたので「目から鱗」の思いだった。ここにしかない豊かさ、独自性を知り、改めて、失ってはならないという思いを強くした。

防衛局の本音が出たのが、「保全と保護は違う」という発言だった。ジュゴンへの影響について複数の委員から何度も質問が出るのに業を煮やした防衛局は、自分たちがやるのは「保全」であって、「保護」ではないと言い出したのだ。委員たちの言っているのは「ジュゴン保護」であって、自分たちがそんなことを要求されるのはお門違いだと言わんばかりの言い方だった。

彼らの言葉を借りると、自分たちの事業の影響が及ばないことが「保全」だという。しかし、これは、ジュゴンを含む自然生態系をまったく知らない言い方だ。委員たちが言うように、生態もまだわかっていないジュゴンにどんな影響が及ぶのかは、誰にも予測なんかできない。防衛局は結局、「保全」についても「保護」についても無知であることを露呈しただけだった。

実はこの日、防衛局が作成して審査会会場に展示した模型が大人気（?!）を博した。事業計画地域（辺野古・大浦湾）周辺の集落やサンゴ・藻場などを含む陸域・海域（六km×八km範囲）の一二五〇〇分の一地形模型で、ご丁寧に、現況と、基地建設後の状況を差し替えできるようになっている。審査会の冒頭、審議が始まる前に防衛局の担当者が、この模型について得意げに説明していたのは、「この通り、基地を造っても大きな影響はない」ことを視覚で訴えたかったのだろうか？

それが功を奏したかどうかは別にして、休憩時間には傍聴人も含めみんなが模型の回りに群がり、（あとで聞いたのだが）一二〇〇万円もの費用をかけた立派な模型に見入っていた。「基地建設が撤回されたら、この模型は是非、地元に展示してもらおうね」と、私は隣で見ていた友人に言った。

次回審査会は三〇日、地元や市民団体からの意見聴取が行われ、その後さらに防衛局への質疑が続けられることになっている。沖縄ジュゴン環境アセスメント監視団は審査会に対して、アセス手続きの方法書からのやり直し、審査会委員の中にアセスの専門家がいないので、それを加えること、などを要請した。

（七月二〇日）

辺野古違法アセス、やり直しを求め提訴

「新基地建設を阻止しよう！」「違法アセス糾弾！」。那覇地裁前にシュプレヒコールが響く。八月一九日、米軍普天間飛行場代替施設（辺野古新基地）建設に関する環境影響評価（アセス）手続きのやり直しと損害賠償を国に求める訴訟（「辺野古・違法アセス訴訟」）が、三四四人の原告によって那覇地裁に提訴された。

訴訟は「違法確認の訴え」および「損害賠償請求の訴え」の二つの柱から組み立てられている。前者は、防衛省の行った「方法書」「準備書」は違法であり、方法書の作成から手続きをやり直す必要があることの確認を求め、後者は、アセス手続きに意見を述べる機会を奪われ、権利を侵害されたために被った被害に対する賠償を求めるもの。

ヘリ基地反対協議会が全国に原告参加を呼びかけたところ、短期間にもかかわらず原告の数は当初目標の二〇〇人を大きくうわまわり、この問題に対する関心の高さ、裁判への期待の大きさを示した。このような理不尽が国家権力を笠に着て堂々とまかり通っていることに腹を据えかねていた私も「待ってました!」という気持ちで、すぐに申込んだが、同じような思いの人は多かったに違いない。三四四人のうち手続きのやり直しを求める原告は、専門家や研究者、地元住民など二一七人。また、損害賠償については三四四人の原告全員で求めている。

提訴に先立って那覇地裁前で行われた事前集会で原告団長の安次富浩さん(ヘリ基地反対協代表委員)は、「私たちはこれまで、国と対峙する中で現状を変えてきた。今回、でたらめなアセスを許すわけにはいかないと、初めてのたたかいに挑んだ。必ず勝利して基地建設を止めていこう」と呼びかけた。

また、四一人に達した弁護団の団長に就任した三宅俊司弁護士は、「沖縄に基地を押しつけている本土出身の人間の責任として引き受けた。アセス法を形骸化させ、実質的な改悪となる悪い前例を沖縄で作らせてはいけない。緻密で高度な中身の濃い裁判になるだろう。弁護団のうち半数以上が県内若手弁護士だ。新しい裁判が新しい弁護士によって行われようとしている意義は大きい」と述べた。

提訴後の記者会見で三宅弁護団長および弁護団事務局長の金高望弁護士は、今回の訴訟に至る経過と意義を次のように説明した。

「辺野古アセスは、その手続きの当初からアセスの専門家をはじめ多くの市民から違法性や問題点が指摘され、なぜ裁判に訴えられないのかと何度も言われてきた。もともとがザル法と言われるアセス法にさえ反したことを防衛局はやっているが、手続き法であるアセス法そのものによってやり直しを求めることはできない。その限界を打ち破ろうと努力し、今回、行政事件訴訟法を根拠に、全国初の訴訟を起こすことになった。

これまで、事業の許認可が出てからアセス手続きの不備を問う取消訴訟や、公金支出の差し止めを求める住民訴訟はあったが、進行中のアセスに対する訴訟は初めての取り組みだ。難しい裁判だが、『何でもあり』にさせないために、おかしいことは正面からおかしいと訴えていく。やりながら考え、よい前例を作っていきたい。

アセス法が施行されて一〇年、見直しの論議が始まっている。環境省は微修正でお茶を濁そうとしているが、この訴訟によって現状に一石を投じ、アセス法の見直しにいい影響を与えていきたい」

（八月二二日）

「デモ・フライト」はデマ・フライト

もし辺野古・大浦湾沿岸に新基地が建設されたら、軍用機はどんなふうに飛ぶのか。地元住民はどの程度の騒音の中で生活しなくてはならなくなるのか。それは、基地に賛成・反対を超えた全住民と当該自治体の不安であり関心事だ。建設予定地に隣接し、区としての建設反対を今日まで一貫して貫いている宜野座村松田区はもちろん、基地を受け入れている名護市の島袋市長も要求し続けていた「デモ・フライト」を、沖縄防衛局がようやく実施することになった。

しかしながらそれは、地元が要請してきた環境アセスメントの一環としての調査ではない。アセスとは無関係に、（あたかも配慮していると言わんばかりに）「地元の要請に応えて」行うという。そのこと自体が大問題だし、ヘリのみによる「デモ・フライト」は単なるパフォーマンスに過ぎないと誰もが思っていたが、彼らがどんなふうにやるのか、ヘリ基地反対協議会では監視することになった。

デモ・フライトの予定は九月九日午前一一時から二時間程度という。辺野古のテント村では一〇時から、この欺瞞に満ちたデモ・フライトに対する抗議集会が持たれたが、私には、二見以北の安《あ》部《ぶ》・嘉陽方面を監視する役割が当てられたため、辺野古には行かず、嘉陽へ向かった。

この三月で廃校になった嘉陽小学校の校庭に、風向計と騒音および低周波音の集音マイク（低周波のマイクは地面に設置）・計測器が設置され、委託業者の調査員と防衛局職員がスタンバイしている。私が調査員に話しかけようとすると、防衛局職員が「集音しているから、話しかけるな」と言う。「まだ始まっていないんでしょ」と反論しても「近づくな」の一点張り。

そこへ名護市基地対策室の職員が来て「（普天間飛行場からの）ヘリの出発が整備の都合で最大二時間遅れると連絡があった」とのこと。時間があるので隣り部落の安部へ回ってみると、集落の中に観測場所があった。そこにいた調査員や防衛局職員と思われる男たちへ、私は愛想よく「こんにちは！」と声をかけたが無視され、「こっちが挨拶してるんだから、挨拶くらい返せば？」と再度言っても能面のような無表情。気色が悪いので海岸の方へ移動しようとしていたところへ、名護市議の東恩納琢磨さんから「今日のフライトは中止」との連絡が入った。整備不良のためだったらしい。

デモフライトの測定に備える調査員（右側に集音マイクが設置されている。9月9日、旧嘉陽小学校校庭にて）

翌一〇日、改めてデモ・フライトが実施された。防衛局職員とやり合っても無意味・無益なので、海岸で監視することにした。嘉陽の浜には、地元紙の記者と嘉陽住民のHさんが様子を見に来ていたので、いっしょに監視した。デモ・フライトが始まる前から、普天間基地から北部のゲリラ訓練場へ行くヘリが騒音をまき散らしている。「夜もかなりうるさいときがある。基地が来たらもっとひどくなるだろうと心配だ」とHさんが言った。

出発はまた遅れているらしい。一一時半過ぎにようやく、テント村「村長」の当山栄さんから「今、普天間飛行場を飛び立った模様」と連絡が入る。二〇分ほど経って二機のヘリが見えた。安部（嘉陽の南隣り）方面の陸側から海上へ旋回し、嘉陽までは来ない。防衛局の事業計画では、V字形滑走路はそれぞれ一方向からしか使われず、訓練も海上でしか行われないことになっている。デモ・フライトも当然、それに沿った形で行われるわけだ（実際にはそんなことはありえないと、みんなが知っている。まさに茶番劇だ）。

そこで安部の浜へ移動した。住民のYさんらがやはり様子を見ていた。見慣れない男たちもいたので「どちらから？」と尋ねると「（沖縄）県からです」とのこと。二機の米軍ヘリ（CH53E）は安部湾を斜めに横切り、岬の先の海上で旋回して人家のない山手上空へ飛んだ。次には、もう一方の岬の先を旋回して山手へ。

Yさんが、「ヘリしか飛ばさない、海の上しか飛ばさないなんてインチキだ」「いつもより音が小さい。昨日の予定を延期したのは、音を小さくする工作をするためだったにちがいない（これは半分当っている。輸送ヘリなので通常は荷物を積んで飛び、重量に比例して騒音も大きくなるが、デモ・フライトでは積載していないので音が小さい）」と怒っている。「もし（基地ができて）部落の上を飛んだら、撃ち落とすからな！」と息巻いていた。

辺野古でも「デモ・フライトではなくデマ・フライトだ」と怒りの声が上がっていたという。翌日の地元紙によると、ホバリング時に辺野古区内で八〇デシベル以上を記録し、隣の豊原区では最大七一デシベルを観測。島袋市長は「あらためて滑走路の沖合移動を求める考えを強調した」（『琉球新報』）というが、たとえ沖合に移動しようと、いったん基地を作ってしまえば、米軍ヘリ（だけでなくジェット機もオスプレイも）は自由に集落上空を飛び回るという周知の事実を、どうして見ようとしないのだろうか??

（九月一一日）

アセス審査会の答申に注目

「普天間飛行場代替施設建設に係る環境影響評価準備書」に関する沖縄県環境影響評価審査会が、九月一四日に開催された第七回会合をもって関係者からの意見聴取を終了した。次回から答申案の審議に入り、今月中には県知事に答申される予定だ。アセス法による知事意見の提出期限は一〇月一三日。審査会の傍聴に毎回、足を運び、意見を述べ（意見聴取に答え、意見書を提出した。審査会の津嘉山委員長はまた、傍聴席からの意見にも真摯に耳を傾けた）、委員たちと心を一つにして審査会を見守ってきた市民たちは、答申の内容に、また、答申が知事意見にどのくらい反映されるか（「方法書」のときは、答申の内容が知事意見では削られたり、トーンダウンした部分もあった）に注日している。

第二回目の審査会については前述したが、その後、審査会では第三回から第七回まで、関係者からの意見聴取を行った。

第三回（七月三〇日）には地元各区（宜野座村松田区、久辺三区＝久志・豊原・辺野古、二見以北一〇区の各区長）、および地元企業であるカヌチャベイ・リゾート（安部在）が意見を述べた。松田区は「反対」の意思を明確に示した。容認派である他の区長らも騒音や、巨大構造物ができることによる潮流・海岸線の変化に対する不安を口にしたものの、沖合移動すれば軽減されるという危機感のなさや弱腰に対し、委員のほうが、沖合移動しても変わらない、もっと強く要求してもいいのではないか、などと諭す場面もあった。

アセス審査会での意見発表を終えた粕屋俊雄氏（右から２人目）と、北限のジュゴン調査チーム・ザンのメンバー。（8月26日）

カヌチャャは企業という立場上、基地建設の是非については言えないとしながらも、アセスのずさんさをきちんと指摘し、建設による影響を懸念した。

第四回（八月一一日）は市民団体からの意見聴取。沖縄リーフチェック研究会、ジュゴンネットワーク沖縄、沖縄ジュゴン環境アセスメント監視団が、それぞれの調査研究資料に基づいてしっかり意見を述べた。

第五回（八月二六日）には、ジュゴン研究の第一人者である粕谷俊雄氏が「ジュゴン保全の立場から」と立場を明確にして準備書への見解を述べた（もう一人予定されていた専門家は欠席。沖縄が新型インフルエンザの危険地帯になっているからとのことだったが、それは単なる口実？）。

粕谷さんはまず、「事業者は有害立証がなされないことをもって無害性が立証されたと見なしてはならない」「可能な限り被害を低減する、という条件は、工事実施を前提とするものであり、影響評価として無意味である」と述べ、準備書の調査は目的や意図が不明であり、調査を担当した科学者が匿名であるため信頼性に疑問があるとした。航空機による生息調査、最少個体数推定（防衛省は三頭と推定したが、粕谷さんは、それを採用することはできないとし、同じデータで一三頭と推定できる計算例を提示）の問題点、水中鳴音の録音や水中映像の録画の無意味さ、等々を指摘し、「飛行場の建設は沖縄のジュゴンの生息環境を永久的に劣化させ、個体数回復の可能性を減少させる」「事業者が作成した準備書の『評価』は現段階では不適切である」と明言した。

第六回（九月七日）には法律専門家からの意見聴取が行われ、辺野古・違法アセス訴訟弁護団長の三宅俊司弁護士と、アセス法の制定に関わった倉阪秀史・千葉大学法学部教授が意見を述べた。三宅さんは、提訴の根拠となった辺野古アセスの違法性について論を展開。ある委員は「我々は違法なものを審査しているのか……」と呻くように漏らした。

倉阪氏は、「方法書を出し直させることが制度の趣旨を鑑みると適切であった」「環境影響の懸念がある現地調査を先取りして実施することは環境影響評価法の制定時における意図に反する」などと述べ、また、慎重な言い回しながら、防衛省のアセス手続きには「手戻り（やり直し）」してしかるべき内容があると指摘した。

第七回（九月一四日）には私は傍聴に行けなかったが、事業者である沖縄防衛局からの意見聴取が行われた。行った人の話によると、防衛局は、審査会委員の追及に対し、ジュゴンの食み跡の過去のデータを「幅が狭い」「形がいびつ」などの理由で省いたことを明らかにし、埋立用土砂の調達方法は「検討中」と繰り返し、潮流変化予測の根拠については答えられず、傍聴席からのブーイングが相次いだという。「面白かった」「これほど審査会と傍聴席との一体感を感じたことはなかった」と、ある傍聴者は語った。

これまでの経過から推測すると、審査会はおそらく、かなり踏み込んだ答申を出すだろう（審査会事務局である県環境政策課の動き方が気にはなるが）。問題はそのあとだ。「ベストは県外移設」と言いつつ「ベターな選択（辺野古移設）」をしてきた仲井眞県知事は、新政権がベストを選択する可能性の高くなった今に至っても、その選択を変えようとしていない。しかし、防衛局のアセスのでたらめさ、基地建設の無謀さがここまで明らかになったのだから、県知事も腹をくくるべきではないか。県知事の使命は県民の命と財産を守ることなのだから。

（九月二〇日）

辺野古アセス訴訟第一回口頭弁論開かれる

八月一九日に提訴した辺野古・違法アセス訴訟の第一回口頭弁論が一〇月二一日、那覇地裁で開かれた。

午前一一時からの開廷に先立って地裁前で行われた事前集会には約一〇〇人が参加。三四四人の第一次原告に加え、前日の二〇日、新たに二七八人が追加提訴し、原告数が六二二人になったことが報告された。

法廷ではまず、原告二人＝安次富浩さん（原告団長／ヘリ基地反対協代表委員）、東恩納琢磨さん（ジュゴン保護基金委員会事務局長／ヘリ基地いらない二見以北十区の会／名護市議）の意見陳述と、弁護団による訴状の説明が一時間近くにわたって行われた。

安次富さんは、沖縄戦から米軍占領、復帰後も続く植民地的支配、アセスの違法性を指摘し「平和的生存権の確立」を訴えた。東恩納さんは、生まれ育った地元の海が開発によって破壊されてきたこと、アセスは自然環境や生活環境を守るためにあると訴え、裁判所は原告の思いをしっかり受け止めて判決を下して欲しいと要望した。（東恩納さんの意見はたいへん胸を打つもので、閉廷後、「感動した」との声がしきり。裁判長の胸にも響いたことだろう。）

次に、二〇人以上が席をぎっしりと埋めた原告弁護団から若手弁護士三人が交替で訴状を説明。アセス手続きのやり直しと損害賠償を求める根拠を述べた。

これに対して被告の国（防衛省）がどんな反論をするのか、傍聴席から（私も原告の一人だが、弁護団が多数なので原告席には五人しか座れなかった）固唾を呑んで見守っていると、「（アセスに）意見を言うのは個人の権利ではないので、損害賠償の対象にはならない」との一言だけ。意見陳述は国民一般の役割として期待されているだけで、個人の権利ではないというのだ。時間にして一分足らず。唖然としているうちに次の日程の協議になり、閉廷。

「『国民一般』ってどんな人だろうね」と互いに首を傾げながら法廷をあとにした。原告側弁護団に負けじとばかり数（だけ？）を揃えた国側弁護団が、税金で雇われていると思うと腹立たしい限りだ。

国側は、アセスのやり直しについても訴えの却下を求めているが、原告側弁護団は、今後、訴状の内容＝アセスの違法性を一つひとつ問い質していく予定だ。

（ちなみに、この訴訟を指揮する田中健治裁判長は、泡瀬干潟埋立訴訟で公金支出差し止めの判決を下した環境派裁判官。但し、任期は今年度いっぱいという。）

（一〇月二三日）

裏切られる新政権への期待（09年11〜12月）

新政権への期待は不安と怒りへ

「鳩山さん、私たちの希望の芽を摘まないで……」

毎朝、祈る思いで新聞を開く日々が続く。民主党を中心とする鳩山政権が発足して一ヵ月半。新政権に対する沖縄県民の熱い期待が裏切られそうな不安が、日毎に大きくなっていくからだ。

辺野古新基地建設に反対する座り込みは一〇月九日で二〇〇〇日を迎えた。翌一〇日に辺野古の浜で開かれた市民集会では、新政権に対し計画の白紙撤回とアセス作業の中止を求めるアピールを採択した。

一三日には、沖縄防衛局が作成した辺野古アセス準備書に対する知事意見が提出された。煮え切らない新政権の姿勢に苛立つ仲井眞知事は、意見の中で、政府の方針を早急に示すよう要求。沖縄県環境影響評価審査会が市民・県民の意見にも真摯に耳を傾けて審査・答申した中身に沿って、内容的には書き直しを求めたものの、手続きのやり直しは求めなかった。

知事は「県外がベスト」としながらも、これまで同様「やむなく県内移設を認め」たため、沖縄防衛局は翌一四日、辺野古の海での違法調査を再開。現場での緊張関係はなお続いている。


沖縄ビジョンで普天間飛行場の「県外・国外移設」を打ち出したものの、それをマニフェストに入れず、政権発足前後から「県外・国外移設」のトーンを弱めてきた民主党は、来日したゲーツ米国防長官の「従来案通り」「辺野古移設がなければ海兵隊のグアム移転もない」という脅しに屈するように、早くも「県外移設は困難」と言い出した。

困難は最初からわかっていたはずではないか。相手のある問題が一朝一夕に解決するとは、県民の誰も思っていない。何の負担もせずに最新鋭の基地が手に入るおいしい話を米国が簡単に手放すはずがない。それを説得するのが外交交渉であり、政府の役割ではないか。県民が望んでいるのは、危険な普天間基地をなくすことだけだ。移設せよとか、莫大な日本国民の税金を使ってグアムに移転して欲しいと言った覚えはない。

外務、防衛、環境など関係閣僚がてんでバラバラの発言を繰り返し、肝心の鳩山首相の発言も「日替わりメニュー」と揶揄されるありさま。「毎日一喜一憂するのに疲れた」とある友人はため息をつき、またある友人は「自民党に翻弄されていたのと同じ」と怒っている。

沖縄の民意を探りたいとか、名護市長選（来年一月投票）を見てから（判断する）、などと、沖縄に下駄を預けるような首相の発言は責任転嫁も甚だしい。名護市民の民意も、沖縄県民の民意もこの一三年間一貫していることを知らないとでも言うのだろうか。

そして極めつけは、岡田外相が出してきた「嘉手納統合」案だ。これには沖縄中の人々が怒っている。基地の重圧に苦しんできた沖縄をこれほど愚弄する話はない。宜野湾（普天間）にいらないもの（基地）は名護にもいらないと、私たちは言ってきた。我慢の限界に来ている嘉手納基地周辺住民にこれ以上押しつけることは、なおさらごめんだ。

「県外・国外移設」と言うからには、何らかの根拠に基づいていると考えるのが普通だ。党内でその検討が何一つされていなかったことがわかって唖然としたのは、私だけではないだろう。選挙目当てのリップサービスに過ぎなかったとすれば、期待させたぶん、自民党よりたちが悪い。

その怒りも込めて一一月八日、辺野古新基地建設と県内移設に反対する県民大会が開かれる。鳩山政権と、一二日に来日するオバマ米大統領に沖縄の民意をしっかり示すためだ。

（二〇〇九年一一月三日）

県内移設反対の総意を示した県民大会

「大人になると、約束したことを守らなくていいのですか？　鳩山総理、約束は必ず守って下さい。ぼくたちの未来を壊さないで下さい」と一二歳の渡具知《とぐち》武龍《たけりゅう》くんは訴えた。宜野湾市海浜公園屋外劇場とその周辺をぎっしりと埋めた二万余の人々は、胸を熱くしながら、そのまっすぐな訴えが日米両政府に届くことを祈った。

2万1000人が結集した県内移設に反対する県民大会（11月8日）

一一月八日、真夏を思わせる強い陽差しのもとで行われた「辺野古への新基地建設と県内移設に反対する県民大会」。開会挨拶を行った実行委共同代表の玉城義和県議（名護選出）は冒頭で、訪米した渉外知事会会長の松沢・神奈川県知事が「辺野古へ移設すべきだ」と発言したことに強く抗議し、「本大会で県民の意思をきっちりと伝えよう」と呼びかけた。

主催挨拶に立った伊波洋一・宜野湾市長（共同代表）は「新政権に英断を求めるための大会」と位置づけ、普天間基地の実態に触れながら「米国で許されないことが沖縄で許されるのか。民意は一三年間変わっていない。沖縄の未来は県民が決める。鳩山首相はオバマ米大統領に、これ以上の基地はいらないと伝えてほしい」と述べた。

自民・公明両党、また県知事も不参加の中で共同代表を引き受けた翁長雄志《たけし》・那覇市長は、「私は保守政治家だが、保革を越えて一歩を踏み出した。基地の整理・縮小で県民は一致できる。名護市民にこれ以上踏み絵を踏ませたり、県民を対立させないでほしい。鳩山首相が県外移設を決断できないのなら、今後、沖縄では『友愛』という言葉を使わないでほしい」と厳しく批判した。

各政党代表を含む多くの発言が参加者の共感を呼び、「そうだ！」の声や拍手が鳴りやまなかったが、中でも大会が最高潮に達したのは、武龍くんと双子の妹・和奏《わかな》さん、和紀《かずき》さん（七歳）を含む渡具知さん一家五人が登壇したときだった。

名護市民投票が行われた一九九七年、大浦湾を望む名護市瀬嵩《せだけ》に生まれた武龍くんは、基地反対運動を続ける両親を見ながら育った。父親で測量士の武清さんは、「子どもたちの未来に基地はいらない」の一心で頑張ってきた「長年の切なる思いを真正面から受け止めてほしい」と訴えた。

沖縄県民の総意である県内移設反対、世界一危険な普天間基地の閉鎖を求める大会決議、松沢発言の撤回を求める抗議文は、オバマ大統領来日（一三日予定）前の一〇日、大会共同代表らによって防衛省、在日米大使館、神奈川県庁に届けられた。

当日の渡具知武清さん発言の抜粋と武龍くん発言の全文を以下、紹介する。

〈渡具知武清さん発言〉

（前略）

私が生まれ育った久志地域の瀬嵩という集落は、大浦湾をはさむ形で、対岸にキャンプシュワブがあり、そして辺野古の海が広がっている、そんな場所にあります。物心ついた頃にはすでに米軍基地があり、ふだんから米兵と接する機会も多く、身近に米軍基地や米兵がいることがあたりまえの中で育ちました。ですから、恥ずかしながら一二年前、普天間代替施設建設予定地と名指しされるまで、米軍基地について深く考えたことはありませんでした。

私たち夫婦はなかなか子どもに恵まれませんでした。一三年前、やっとこの子を授った矢先、辺野古・大浦湾の海が普天間基地の代替地としてありがたくないご指名を受けました。「この子のために久志地域の自然を残したい。この子の未来に基地はいらない」……その思いだけで始めた基地反対運動でした。

自分たちのことは自分たちで決めようと行った市民投票。今その頃を振り返っても胸を張って言えるくらい、私は、そして基地建設に反対するすべての方々は頑張りましたよね（会場に問いかける）。そして市民投票に勝利しました。あの市民投票の勝利は、名護市民の「基地はいらない」という純粋な思いです。

これで基地は造られないと思ったのも束の間、この一二年間で基地建設計画は撤回されるどころか拡大し続け、今や大浦湾も埋め立てる巨大な軍事基地建設計画になっています。いくら声を上げても無視され続ける現状に、声を上げることをやめてしまった仲間もいます。がしかし、私はあきらめませんでした。いや、子どもたちの未来を考えると、どうしてもあきらめることができなかった。

この一二年間で、私は多くのことを学びました。かつてベトナム戦争の時、沖縄の基地からベトナムに飛び立っていった戦闘機が枯葉剤をまき散らしていたこと、そして今も、世界の紛争地域へと沖縄の基地から飛び立っている。何の罪もない人たちを殺すために……。飛び立つ場所を提供している私たちウチナーンチュは間接的殺人者です。私たちは、間接的殺人者である現実をもっと認識しなければならないと思います。

（中略）一二年間建設されなかった基地が、これから先も造れるわけがないのです。名護市にお金が落ちているというのなら、なぜ名護市のメインストリートは今やシャッター通りとなっているのでしょうか。嘉手納基地を抱える沖縄市だって、決して基地で潤っているとは思えません。基地で豊かな街づくりができるはずがないことを、沖縄は身をもって証明しているのです。

今年の夏、日本は政権交代という歴史的な一歩を踏み出しました。鳩山総理、沖縄のどこにも戦争につながる軍事基地はいりません。これはウチナーンチュ、いいえ、引いては日本国民の思いです。この長年の切なる思いを真正面から受け止め、今、堂々と「米軍基地は国外へ」と宣言してこそ、世界の人々へ「日本はほんとうに変わったなー」と知らしめることができるのではないでしょうか。（後略）

〈渡具知武龍くん発言〉

ぼくは名護市久志小学校六年の渡具知武龍です。ぼくが、母のおなかにいる頃から、お父さんやお母さんは、ぼくをいろんな集まりや運動に連れてまわりました。ぼくは、最初は行くことがいやでした。単純に、行ったたってつまらないからです。

でも、いろんな活動に参加することで、しだいに、両親が自分たちきょうだいや、ほかの子どもたちの将来を考えてがんばってくれていることを感じるようになりました。今は、ぼくに「ぼくたちの未来」について考える機会を与えてくれた両親にとても感謝しています。

いろいろ考えるうちに疑問に思うことがあります。ぼくが生まれた一九九七年に名護市で市民投票が行われて、「基地はつくらない」という投票数が勝ったと聞いています。あれから一二年がたち、ぼくは今年一二歳になりました。「基地はつくらない」と決めてから一二年もたつのに、なぜ、いまも沖縄に基地を造ることになっているのですか。おとなになると、約束したことを守らなくてもいいのですか？

鳩山総理、「基地はつくらない」は、とても大切な約束です。約束は必ず守ってください。ぼくたちの大切な海を、そしてぼくたちの未来をこわさないでください。どうぞよろしくお願いします。

（一一月一〇日）

名護市長選の勝利をめざして

沖縄地元二紙は連日、普天間移設問題に関する記事や解説を満載し、社説でも度々取り上げているが、最近はそれを読むのも疲れてきた。

岡田外相は、主張していた嘉手納統合案が嘉手納基地周辺自治体（次々に反対決議を上げた）・住民の猛反対、米国の反発に遭うと早々に引っ込め、やはり辺野古移設しかないと匂わせ始めた。最初から反発が予想された嘉手納統合案をわざわざ出したのは、辺野古に落とし込むためのシナリオだと言われていたので、今さら驚きもしないが、私の腹は煮えくりかえっている。岡田外相をはじめ民主党政権を「詐欺罪」で訴えたいくらいだ。自公政権下で一三年間できなかった辺野古の基地建設が、もし民主党政権下で進むとしたら、いったい何のための政権交代だったのか……。

その岡田外相がこの週末に来沖し、五日に名護市と糸満市で住民の意見を聞くという。なぜ名護市と糸満市かというと、去る衆議院選で民主党の議員が誕生した沖縄三区と四区の中心都市ということらしい。名護市の属する三区選出の玉城デニー議員および四区選出の瑞慶覧長敏議員が主催者となり、それぞれ一〇〇人くらいの住民を集めると聞いた。

先月一五日の来沖の際には県知事とだけ会った彼が再び来県し、住民意見を聞くのは何の目的なのか。私の周辺の人たちはみんな、「結論は（辺野古に）決まっていて、住民の意見も聞きました、というアリバイ作りか、単なるガス抜きだろう」「私たちはその道具に使われるんだろうか……」「民主党沖縄県連はいったいどんなスタンスなのか」と不信や疑問を抱いている。

玉城デニー氏に電話でそのことを話したら、「そんなこと（結論が決まっている）はありません。会の冒頭で（岡田氏に）直接確認したらいいですよ。もしそうだったら、話に応じないと言えばいいんじゃないですか」とのこと。どんな会合になるのかよくわからないが、とにかく言うべきこと、言いたいことは言おうと話し合っている。


沖縄ではこれほど沸騰している話題も、全国的にはほとんど無関心だと本土紙の記者が言っていた（「自分たちの報道への自戒も込めてですが」と彼は付け加えた）。沖縄では号外まで出た一一月八日の県民大会も、全国紙のほとんどは写真すら付けず、ごく小さく報道しただけという。国民の無関心の中で、もし民主党政権が辺野古移設を決定するなら、独立運動を起こそうと、半分冗談、半分本気でささやかれている。

そんな中で大阪府の橋下知事が、普天間代替施設について、関西空港の活用など議論の余地があるという発言をしたことが大きな注目を集めている。可能性がないことを見越しての彼特有のパフォーマンスだろうというのが大方の見方だが、民主党政権が県外移設について何一つ検討もしない中で、「米軍基地の負担を全国で分担すべき」という彼の提案自体は、日米安保を前提にする限り真っ当なものだ。

今朝の地元紙は「普天間移設問題の最終決着が年明けに持ち越される可能性が高まった」ことを報じた。米国にせっつかれて年内決着を打ち出していた民主党だが、連立を組む社民党や沖縄県民の反対がブレーキをかけたというところか。野党になった自民党は逆に、年内に決まらなければ県外移設を打ち出す方針だと報道されている。一月の名護市長選挙を意識しての動きだろう。

また辺野古区では、代替施設受け入れに伴う補償要求を確認し、新政権がその条件を反古にするなら移設に反対する可能性を示したという(一二月三日付『沖縄タイムス』)。

名護の年末は近年、毎年のように荒れる。混乱の中でさまざまな利害や欲望がもろに現れ、渦巻いているが、私(たち)が目下、最大限のエネルギーを注ごうとしているのは、間近に迫った名護市長選挙(一月二四日投開票)だ。いろいろと紆余曲折はあったが、基地に反対する候補者がようやく一本化され、私たちは、民意が体現される市政をめざして動き出している。現職市長の島袋吉和氏を支持していた市議の三分の一以上が離反し、「市政刷新」「辺野古に基地はつくらせない」と明言する稲嶺進氏を推しており、名護市民投票に次ぐ市民の立ち上がり、うねりのようなものを私は感じている。

もちろん、それに並々ならぬ危機感を持つ島袋陣営は、「陰の(実質的な)市長」と言われる比嘉鉄也氏(九七年末、名護市民投票の結果を踏みにじって辺野古基地を受け入れた元市長)を先頭に、産業界にものすごい圧力をかけているようだ。「会社での(島袋支持を強要する)締め付けが厳しい」という声があちこちで聞かれ、今後、熾烈な選挙戦になるであろうことを覚悟しなければならない。
名護市に基地問題が降りかかってから三回行われた市長選挙で、基地反対の候補はことごとく負けてきたが、今度こそ、どんなことがあっても勝ちたいと思う。私たちにはもうあとがないのだ。政府がどんな結論を出そうと、名護市民が市長を先頭に「基地はいらない」とはっきり意思表示すれば、そう簡単に押しつけることはできないだろう。

（一二月三日）

ヘリパッド建設に抗する高江の人びと

高江座り込み一周年

世界自然遺産の候補地であるやんばる（沖縄島北部）の森に新設されようとしている米軍ヘリパッドに反対している地元住民組織・ヘリパッドいらない住民の会が六月二九日、「高江座り込み一周年報告会」を開いた。

会場の東村農民研修施設は、ちょうど一年前、緊張と不安に満ちた着工直前の集会が行われた同じ場所だ。三～六月の工事休止期間（地球上でやんばるの森だけに生息する絶滅危惧種・ノグチゲラの繁殖期に当るため）が終了し、七月から工事が再開されるという緊張はありつつも、今回の集会には、一年間の座り込みを通して得た自信と余裕が感じられた。高江区住民を中心に、全県・全国から駆けつける人々によるゲート前での座り込み、全国に広がった支援の世論によって、沖縄防衛局の工事は大幅な遅れを余儀なくされている。

高江区を含む東村住民、チャーターバスに乗り合わせて来た那覇・南部の人々、この日に合わせてわざわざ来沖した県外からの参加者など、立ち見も出る三五〇人が見守る中、高江の現状を映像化したDVDが上映され、一年間の座り込みを担った、年齢も立場もさまざまな一三人が、リレートークでそれぞれの思いを語った。

那覇周辺在住者の支援組織である「なはブロッコリー」の本永貴子さんは「一五〇人の高江の人たちの思いを届けなければ、沖縄の声を日本に届けることはできない」と語り、車やテントで寝泊まりしながらゲートを守り続けている佐久間さんは「人の力で、人の言葉で勝つ」ときっぱり。「合意してないプロジェクト」の森岡さんが「来年は（勝って）この集会がないようにしたい」と言うと、大きな拍手が起った。

沖縄の若手ミュージシャン・カクマカシャカと知花竜海さんのライブで盛り上がり、ちょっと年配のバナナハウスうたごえ友の会の歌に合わせてみんなで歌った。

ヘリパッド反対署名が二万四〇〇〇余筆集まり、日本政府に届けたことが報告され、住民の会共同代表の安次嶺現達《あしみねげんたつ》さんは「この計画が現実のものになれば高江の集落は消えてしまう。しかし、みんなの力を合わせれば必ず止められる」と呼びかけた。

沖縄防衛局は七月一日朝から早速、工事を再開しようとしたが、座り込んでいた住民・支援者らがこれを止めた。防衛局が工事用ゲートを増設したため、より多くの座り込み人数が必要となっている。私も何とか時間を作って出かけるつもりだ。

（二〇〇八年七月三日）

非暴力の住民に防衛局が妨害禁止仮処分を申し立て

一二月一八日、米軍ヘリパッド建設に反対する座り込みが続く東村高江を訪ねた。ヘリパッドいらない住民の会共同代表の安次嶺現達さん・雪音《ゆきね》さん夫妻が営む「喫茶・山瓶《やまがめ》」(野草カレー、野草やスクガラスのピザ、店の裏にある石窯で焼いた天然酵母パンなどが美味しい)で昼食をとっていると、雪音さんが「こんなものが昨日、届いたんですよ。最初、裁判員の通知だと勘違いした人もいたの」と笑いながら分厚い封筒を持ってきた。

それは那覇地方裁判所からの呼び出し状だった。沖縄防衛局が一一月二五日に申し立てた「道路通行妨害禁止の仮処分命令申し立て」の書類が添付されている。住民による座り込みが「通行妨害」に当るとして住民一五人を名指しで訴え、その一人ひとりに来年一月二七日の第一回審尋への呼び出し状を送りつけたのだ。

その中にはなんと、八歳の子どもも含まれているという。「子どもまで訴えるなんて信じられない！」と雪音さんは怒り心頭だ。

書類をめくってみると、隠し撮りしたらしい住民の写真に赤丸が施され、名前が書かれている。「まるで極悪人の指名手配みたいだね」「最近、防衛局が現場に来ないと思っていたら、こんなことをやっていたんだ！」

写真と人名が違うのも多く、あきれるやら腹立たしいやら。

ヘリパッドの建設自体は大掛かりなものではなく、防衛局が警察権力を導入して住民を排除し、強行しようと思えば簡単にできる。しかし、多くの県民が注目している中でそんなことをやれば非難の的になり、日米政府が進めようとしている日米軍事再編にも支障を来たす。そこで、司法のお墨付きをもらって「正当」に住民を排除しようと考えたのだろう。もちろん、住民を脅し、運動を潰すことも彼らの大きな目的だ。

しかし、そんなことがまかり通っていいはずがない。住民らは二五日、記者会見を行って、申し立ての取り下げを求める声明を発表した。防衛局は、子どもに対する申し立ては取り下げたものの「不適切だった」との認識はないと言い、抗議文を持って局を訪れた住民らを中に入れもしなかった。

住民の平和的生存権を守ろうと、二〇人近くの弁護団が結成され、住民の会では那覇地裁に申し立ての却下を求める要請署名を開始した。

（一二月二五日）

第一回審尋でヘリパッド反対の正当性に自信

「ヘリパッド建設反対！　沖縄防衛局による住民弾圧を許さない県民集会」が一月二〇日夕刻、沖縄県庁前の県民ひろばで開催された。

ヘリパッドいらない住民の会、ヘリ基地反対協、沖縄平和運動センター、沖縄統一連、平和市民連絡会の五団体が共催したもので、県議会野党議員団を含め五〇〇人余の人々が参加。米軍ヘリパッド建設に反対する東村高江住民に対し沖縄防衛局が申し立てた「通行妨害禁止仮処分」の撤回・却下を求めた。

二七日の第一回審尋を前に、当初の一九人から二四人に増えた弁護団の金高望事務局長は、国側の申し立て内容について「座り込みテントは通行妨害になっていない。申し立てられた一四人がいつ、何をやったか不明。写真に人違いがある。現場に行っていない人や、すでに引っ越した人も含まれている」等々、そのずさんさを指摘し、「反対運動に積極的な人でなく高江の住民をねらい打ちしているのは、住民に対する恫喝だ」と述べた。

三時間もかけて那覇まで来た、子どもたちを含む高江住民を代表して伊佐《いさ》真次《まさつぐ》さんと安次嶺雪音さんが発言。高江の自然の中で五人の子どもを育てている雪音さんは、「日々、自然に生かされていると感じ、子どもたちものびのび生き生きと遊び、学んでいます。それを壊すヘリパッドに反対するのは当たり前です。当たり前の思いを裁判に訴える国とは何でしょうか?」と問いかけた。

「国策に従わない住民運動に対する新手の弾圧を許さない」という集会アピールが採択されたあと、参加者たちは国際通りをデモ行進した。

二七日の第一回審尋に先立って那覇地裁前で開かれた事前集会には、二〇〇人を超える人々が参加して住民らを激励した。弁護団長を務める池宮城紀夫弁護士は「弱者の人権の砦であるべき裁判所を使って国家権力が住民を訴え、正当な表現行為を潰そうとするのは前代未聞。決して許してはならない」と檄を飛ばした。

那覇地裁に対し不当な仮処分申し立ての却下を求める署名は一ヵ月足らずで二万五三六五筆（当日現在）に上ったことが報告され、署名用紙の束が裁判所へ届けられた。

集まった人々は非公開の審尋の間、裁判所の廊下を埋め尽くして、静かに審理の行方を見守り、その後の報告集会で審尋の様子を聞いた。弁護団によると、住民らと弁護団が法廷に入った時、防衛局側は既に席に着いていたが、原告である彼らはなんと、被告席に座っていたという。「最初から、自ら負けを認めたようなもの」という指摘に会場は沸いた。

人定の間違いなどあまりにもずさんな申し立てを行った防衛局に対し、那覇地裁の大野和明裁判長は、人定の理由や妨害の具体的行為などについてきちんとした説明を要求。三月一三日と五月一一日に審理が行われることが決まった。作業を早急に進めるために申し立てた仮処分が国にとって裏目に出たと言える。これほど多くの人々が応援に駆けつけたことも、防衛局にとっては想定外だったのではないか。住民らは、自分たちの正当性に自信を持ったと力強く語った。

国策である基地建設に関わる裁判を国民はチェックする権利があるとして、弁護団は審理の公開を求めている。

（二〇〇九年一月二八日）

高江ヘリパッド裁判続く

米軍ヘリパッド建設に反対している東村高江の住民に対し、昨年末、沖縄防衛局が申し立てた

「通行妨害禁止仮処分」の審尋が、那覇地裁で継続中だ。前述したようなずさんな防衛局の申し立てに対し、裁判長は第一回審尋において、人定の理由や妨害の具体的行為について説明を要求。三月二三日に行われた第二回審尋では、防衛局側がその説明を行うことになっていた。

第一回目と同様、審尋を廊下で見守った（弁護団は当初から審理の公開を要求しているが、未だ公開に至っていない）支援者らに対し、報告集会で弁護団が語ったところによると、防衛局は裁判所が求めた個々人についての具体的な説明を行うことはできず、集団的・組織的な妨害行為だとの一点張りだったという。非暴力の座り込みや抗議行動、防衛局への申し入れに参加したり、その呼びかけを行ったりしていること、反対運動団体に属していること自体が妨害行為だというのだ。

住民側弁護団が全力を注ぎ、第二回審尋に提出された準備書面は、戦後沖縄の米軍基地の形成史、ヘリパッド新設を含む日米のＳＡＣＯ（沖縄に関する特別行動委員会）合意の本質（沖縄の基地負担軽減をうたいながら実質は基地機能の強化・新鋭化）、ヘリパッド新設によって予想される被害、反対運動の正当性（反対が圧倒的世論であること）を網羅した総合的・画期的なものであり、弁護団長の池宮城紀夫弁護士は「沖縄の戦後史の中で高江を位置づけた自信作だ。これをパンフにして大いに活用して欲しい」と呼びかけた。

住民側が裁判所に検証の申し立てを行ったことも報告された。裁判官に現場に来てもらって、平和的な抗議行動であること、既存のヘリパッドが存在し新設の緊急性はないこと、ヘリパッド予定地と住居が近接している位置関係、などを実際に見て欲しいという内容だ。裁判所が現地検証を行った例はこれまでにもたくさんあり、これが実現すれば住民側の正当性はさらに明らかになるだろう。

第三回審尋は五月一一日に行われた。地裁前での報告集会で弁護団事務局長の金高望弁護士は、「国＝防衛局は今回、七二頁にのぼる大部の準備書面を出してきた。その中で国は所有権（米軍北部訓練場は国有林である）に基づく通行権を主張しているが、他人（米軍）に貸している土地に通行権があるのか、通行権とは何なのか、その説明を裁判所は国に要求した。こちら側としては、住民の行為は憲法に保障された正当な表現行為であって妨害行為ではないこと、仮処分は緊急な保全を要する場合の手続きであって、そのような緊急性はないことを主張している」と述べた。

第三回で審尋が打ち切られるのではないかという懸念もささやかれていたが、那覇地裁はさらに審尋の継続を決定。第四回が六月二四日、第五回が七月二七日という日程が発表された。

また、那覇地裁に対し仮処分申し立ての却下を求める署名は、開始後第一回審尋まで（約一ヶ月）に二万四一八五筆だったが、第三回までの合計は三万七五八七筆になったことが報告された。

（五月一二日）

住民二人を提訴、工事再開をもくろむ防衛局

自公政権下の沖縄防衛局が、米軍ヘリパッド建設に反対して非暴力の座り込みを続ける高江住民一四人を訴えた「道路通行妨害禁止の仮処分命令申し立て」は、その後、民主党政権に代わったにもかかわらず継続され、二〇〇九年一二月、那覇地裁は一四人のうち二人の住民に対して仮処分を決定した。二人は他の一二人と異なることは何もやっていないのに、会の代表的立場にあるという

だけで、「見せしめ」とも言うべき不当な処分の対象にされたのだ。中立であるべき司法を使った旧政権による住民弾圧を新政権は引き継ぐべきでないと、住民をはじめ沖縄内外の多くの団体や個人が署名運動などで本裁判提訴の断念を要請したが、防衛局は二〇一〇年一月二九日、二人に対する本訴訟を提起した。

住民・県民の期待を裏切った鳩山政権への不信と怒りが高まる中で、防衛局は二月一日、中断していたヘリパッド建設について、高江区公民館で工事説明会を開催した。

説明会は区民対象だったが、傍聴・応援に来てほしいと高江住民から支援者たちへの呼びかけがあったので、私も出かけた。驚いたことに、静かな山間部の公民館周辺を、参加区民より多い六〇～七〇人の防衛局職員が取り囲むものものしさ。区民以外は参加させないと、住民側弁護士さえ入場を阻まれ、入口で押し問答が続いた。区外から駆けつけた大勢の支援者たちは、寒さに震えながら公民館の窓越しに傍聴する有り様だった（その窓さえ防衛局職員が閉めようとするのを、みんなで抗議して押しとどめた）。

防衛局の説明は、オスプレイ配備や訓練場の使われ方、飛行ルート、「米軍が約束を守るのか」など住民の疑問に全く答えず、失笑が漏れた。起訴された住民は「説明を求めて座り込んでいる住民を犯罪者扱いして説明会はありえない」と訴え、共感を呼んだ。防衛局は七月着工の意向を示したが、騒音や安全性に不安を持つ住民らは納得せず、反対や「説明会とは認められない」との声が相次いだ。

再度の説明を求める住民らに対し、真部局長は「何度でも説明する」と言ったにもかかわらず、沖縄防衛局は二月一九日から一週間、職員、警備員、作業員を大動員して建設に向けたフェンス設置を暴力的に強行しようとした。三月からは国の天然記念物・ノグチゲラの繁殖期に入るので工事ができないため、その前に住民を排除するためのフェンスを張っておくつもりだったようだ。

急を知らせる高江からの呼びかけに応えて、島の中南部からも多くの市民が駆けつけ、作業現場に座り込んで抗議したり、職員や作業員に対する説得を行った。私も仕事を棚上げして連日、高江通いをしたが、一ヵ所のゲートを守っていると別の場所がやられたり、朝早く行ったつもりなのに、その前に既に作業が始まっていたり、住民や支援者らを翻弄する防衛局のやり方に怒りを禁じ得なかった。それでも、多くの市民のねばり強い抵抗と説得によって防衛局をあきらめさせ、一部を除いてフェンス設置を止めることができた。

以降、ノグチゲラの繁殖期に入ったこともあり、工事は行われていないが、繁殖期が過ぎる七月以降、防衛局は本格工事に着手する姿勢を変えていない。

（二〇一〇年三月追記）

名護の新たな未来へ—名護市長選勝利報告

「ほんとうに勝ったんだ！」

　投票箱の蓋が閉まるか閉まらないかの午後八時三分、「稲嶺進氏、当確」のテロップがテレビ画面に流れた。「えーっ！　ほんとか！」飛び上がって喜ぶ人たち。「まさか、こんなに早く…。何かの間違いかも知れない。喜ぶのは早いぞ」と半信半疑の慎重派。

　開票が始まるのは午後九時過ぎと言われていたが、私の住む三原区にある稲嶺後援会久志支部の事務所には、投票を終えた区民らが早々と集まっていた。マスコミの出口調査で稲嶺優勢と伝えられてはいたものの、気は抜けない。落ち着かない気持ちをみんなといっしょにいることで紛らわそうと、私が事務所の入口を入った途端の報道だった。

「後援会本部に何人か来てくれと支部に要請が来ているので行って欲しい」と言われ、同じ三原のTさん、瀬嵩の渡具知さん夫妻とともに、支部事務所の歓声をあとにした。山を越えて名護市街地にある本部へと車を走らせている間にも、各人の携帯電話が次々に鳴る。「おめでとう!!」県外での報道も早かったようだ。

私たちが到着したときには、本部前テントは立錐の余地もないほど支持者で埋め尽くされていた。それを報道陣が壁のように取り巻き、とても中に入れる状態ではない。稲嶺さんはまだ姿を見せないという。

テントの外にも人がどんどん増えていた。見知った顔が駆け寄ってくる。熾烈な選挙戦を一緒にたたかった人たち、市の内外から駆けつけてくれた人たちと涙を流して抱き合い、労をねぎらい合った。テントの中に据え付けられた二台の大型テレビが、繰り返し「当確」を報道しているのが聞こえてくる。「ほんとうに勝ったんだ！」夢のようだった。

私の脳裏にはこの一三年間のさまざまな出来事が走馬燈のように駆けめぐった。襲いかかる絶望を払いのけ、払いのけつつ、ある時は走り、ある時はよろめき、やっとの思いで歩き続けた年月。ようやく苦労が報われる、あきらめないでよかった――、それが実感だった。

歴史的快挙に沸く

二〇一〇年一月二四日に投開票された名護市長選挙は、「辺野古・大浦湾に新基地は造らせない」「市政刷新」を掲げる新人の稲嶺進氏と、新基地（V字形沿岸案）を受け入れた現職・島袋吉和氏との一騎打ちとなった。九七年一二月の名護市民投票で示され、現在も変わらない「基地ノー」の市民意思を体現する市長の誕生か、はたまた米軍基地の利権にまみれた現職の続投か。

市民投票以降の三回の市長選挙で基地容認の候補が勝利し、世論調査等で示される「基地反対」の市民意思とのねじれ現象が続くなか、今回の市長選挙は、自民党に代わる民主党中心の新政権の

「バンザイ！」当選の喜びに沸く稲嶺後援会本部前テント（1月24日）

もとで、第二の市民投票に匹敵するものとして全県・全国の注目を集めた。

私たち辺野古・大浦湾沿岸＝久志地域住民は、世界一危険な普天間基地を返還するという名目で押しつけられた新基地（普天間代替施設）建設計画に翻弄され続けてきた。九七年一二月に行われた住民投票で、国家権力を使ったありとあらゆる圧力や懐柔策をもはねのけて名護市民は「基地ノー」の意思を明確に示したが、政府の圧力に負けた当時の比嘉鉄也市長が基地受け入れを表明して辞任。私たちの苦難の道が始まった。

いくら反対の声をあげても届かない空しさ、一丸となって反対していた地域が「アメとムチ」によって分断され、ものを言うことさえはばかられる閉塞感の中で、計画の内容は二転三転、そのたびに巨大化していくのを目の当たりにして、何度あきらめかけたことだろう。消えかかろうとする「基地反対」の灯を、地を這うように灯し続けてきた市民投票以降の一二年は、いわば「絶望とのたたかい」でもあった。

非力な住民が、日米両政府というとてつもない権力と一三年間も対峙し、未だに杭一本も打たせていないことは奇跡に近い。その奇跡を可能にしたのは、辺野古のお年寄りをはじめとする地元住民のねばり強い抵抗と、それを支える全県、全国そして世界にまで広がった共感と支援の輪だった。

とりわけ、〇四年四月から二一〇〇日以上も続く海岸でのテント座り込み、同年九月から展開された苛酷な海上阻止行動は、県内外各地から駆けつけてくれた多くの人々の力なしにはありえなかった。

しかし、住民運動や市民運動がどんなにがんばっても、今一歩のところで政治に届かないもどかしさに、私たちは苛まれてもきた。県外・国外移設を掲げた民主党連立政権の誕生に期待したものの、鳩山新政権発足後の腰砕けぶりはそれを大きく裏切った。ここまで踏ん張ってきたけれど、今度負ければ基地が造られてしまう。もう後がない…。今回の市長選挙は、私たち地元住民にとって最後の望みをかけた闘いだったのだ。

そして結果は、一五八八票差で稲嶺氏が島袋氏を破って勝利（投票総数三万四五五二、投票率七六・九六％）。二四年間の保守市政を転換し、名護市の新たな歴史の一頁を開いた。それは、ありとあらゆる権力を使った圧力や利益誘導をはねのけて勝利した一二年前の市民投票と同様、名護市民の良識の勝利であり、名護市民が成し遂げた歴史的快挙だと言えよう。

歓声と指笛の中、待ちに待った稲嶺氏がもみくちゃにされながら現れると、後援会本部前に集まった人々の喜びは頂点に達した。

（それにしても、僅差でありながら、なぜあれほど早く「当確」報道がされたのか、未だに不思議でならない。三原区の投票所で立会人をしたＫさんは、投票所から投票箱を運び出そうとしていたときに友人から「おめでとう！」の電話を受け、「え！　まだ投票箱も開けていないのに！」と思わず叫んだという。出口調査からの推定だと言われるが、もし、間違いだったらどうなっていたのかと冷や汗ものだ。）

保革を超えた支持への道

今回の市長選挙を勝利に導いたものは何か。

基地問題をめぐる市民の重圧感、閉塞感が我慢の限界に来ていたこと、基地受け入れの見返りとしての「振興策」が地域を潤すどころか、投下された莫大な国費のほとんどはゼネコンに吸い取られ、地元では逆に中小・零細企業の倒産や失業者が増える一方であること等が、その基盤になったことは言うまでもない。前回選挙においても、そう感じて、基地受け入れから反対に変わった人たちも少なくなかったが、四年後の今回はさらに、それが、このままでは生きていけないというギリギリのところまで追いつめられていたと言える。

そんな中で、昨年の衆議院選挙による国政の変化＝新政権の誕生が、どうせ変えられないとあきらめかけていた人たちに「変化」「変革」への希望を持たせたことも（新政権の評価は別にして）大きい。

そして何よりも大きな要因は、そのような状況の変化を基盤に、これまでのような保革の対決でなく、それを超えた支持を得られたことにあったと思う。しかし、そこに至る道は決して平坦ではなかった。

島袋市政下で収入役や教育長を務めた（〇八年七月教育長を退任）稲嶺氏を最初に担ぎ出した（昨年三月、出馬の意思を表明）のが、保守系および中道派市議九人（うち六人が前回選挙では島袋氏を支持した）と市民有志であったため、当初は「基地反対」の主張が明確でなく、革新陣営の評価は芳しくなかった。「利権の分捕り合いで保守が二つに割れたから、革新陣営から基地反対の独自候補を出せば勝てる」という論調が主流を占め、革新系市議や政党・労組を中心に候補者人選が始まった。しかし、何人かの名前が挙がっては消え、何度話し合いを持ってもいっこうに決まらなかった。

私は、これまでの三回の市長選挙の経験から、従来の保革対決では勝てないと実感していたし、稲嶺氏を押し出した市民有志（彼らは明確な基地反対の意思を持っていた）とはかねてからのお付き合いもあり、信頼感を抱いていた。彼らを介して稲嶺氏と何度か直接会って話す中で、彼の本心が「基地反対」であることや、長年、市政の中にいたからこその危機感（このままでは名護市はダメになってしまう）と変革への使命感を確認できた。また、どちらかというと控えめで、人の話をよく聞き、決して威張らない誠実な人柄にも魅了された。

私は、革新陣営が積極的に稲嶺氏を支持することによって、彼が内に持っている基地反対の意思を表に出せるのではないかと思い、事あるごとにそう主張もしたが、なかなか受け入れてもらえなかった。これまで基地反対運動をいっしょにやってきた人たちから、「あんなファジーなヤツを支持して恥ずかしくないのか！」と罵倒されたり、「稲嶺は（基地を受け入れた）岸本元市長の後継者だ。許せない！」「稲嶺を支持することは、あなたがこれまでやって来たことをすべて否定することになるんだぞ」などと非難されたこともある。正直に言って、この「袋叩き」状態は私にとってかなりきつかった。

運動に関わっている人たちの中に、「基地反対」の世論がそのまま投票行動に直結するという勘違いがあるように感じた。三回も負けているのに、なぜそれに気付かないのか、私は不思議でならなかった。この一三年間、世論調査では常に「基地反対」が多数派だったし、どの選挙戦でも「基地反対」の訴えに対する反応はものすごくよかった。それでも選挙は負け続けてきたのだ。

「基地反対の世論が高まっている今、基地反対運動をやっている我々は多数派だ。運動の中から候補者を出せば勝てる」と主張する人がいた。私はそれに対して「私たちは少数派であることを認識すべきだ」と反論してケンカになったのだが、基地反対の気持ちは持っていても運動に関われる人は少数であり、それは厳然たる事実だ。稲嶺氏のように基地反対の思いを持っている人を敵視することは、逆に彼を反対側（基地受け入れ側）に押しやる愚行としか思えなかった。できるだけ多くの人を味方に付けなければ選挙には勝てないのだから。

紆余曲折を経て一本化が実現

そんな紆余曲折を経ながらも、革新陣営の中にも少しずつ稲嶺氏支持の輪が広がりつつあるのを私は感じていた。それは、会って話せば好感を持たずにはいられない彼の人柄によるところも大きかったと思う。

私たち「ヘリ基地いらない二見以北十区の会」（十区の会）でも当初は稲嶺氏支持か不支持かで激論になったが、一一月初めに稲嶺氏からの推薦依頼を受ける頃には支持でまとまることができた。稲嶺さんは実は、わが二見以北十区（それも私の住む三原区）の出身なのだ。現在は名護市街地に住んでいるが、大浦湾の自然を大切に思い、基地のターゲットとされた地元の思いや苦悩を共有できる人だと感じた。地元出身の市長によって地域の自然と未来が守れるなら、これほど誇らしいことはない。

一一月六日、共産党を除く革新政党・労働組合・市民団体で作る「稲嶺ススムさんと共に名護市政を刷新する市民会議」（刷新会議）が発足した。私たち十区の会もその一員だ。ずいぶん難航したけれど、そこにいたるまでの激論と試行錯誤は決して無駄ではなかったと思う。それは、稲嶺陣営の結束を、単なる野合ではない信頼関係に高めた。とりわけ、当初は「基地反対などとんでもない」と言っていた保守系市議らと連日の激論を交わし、次第に理解を得ていった市民有志らの並々ならぬ努力には頭が下がる。彼らの奮闘や、革新陣営との度重なる議論を通じて、稲嶺氏は自らの「新基地反対」の意思に確信を強めていった。

なかでも、「辺野古・命を守る会」のおじぃ・おばぁたちとの出会いによって「私の心がしっかり定まった」と稲嶺氏は語っている。感動的なその出会いの場に私も同席する光栄に預かったが、守る会事務所を訪ねた稲嶺氏は、親の年齢に近いおじぃ・おばぁたち（その中には、彼が宜野座高校時代に投宿していた親戚のおばさんもいる）から息子のように迎えられ、子や孫のために身を挺して座り込みを続けてきた彼らの熱い期待と激励を全身で受け止めた。彼らの見守る中で稲嶺氏は、渡された色紙に「辺野古・大浦湾の海に基地はいりません」と自筆でしっかり書いた。

刷新会議の結成大会で稲嶺氏が発表した声明文（一一月六日付）は、「私は、現在の利権にまみれた市政を刷新し、市政変革を実現するため、出馬を決断いたしました。……米軍普天間基地移設問題に翻弄され続け、本来あるべき行政執行ができない状況が続く限り、名護市民が幸せに生き、暮らすことのできるまちづくりのビジョンは決して描くことはできない……辺野古・大浦湾の美しい海に新たな基地は造らせません。名護市に新たな基地はいらないという信念を最後まで貫くことを市民の皆様に約束し、名護市長選挙に臨む覚悟であります」と力強く宣言している。

結成大会には、稲嶺氏を支持する保守系議員たちも参加していた。これまで、全く違う世界の人だと思っていた彼らとこの場を共有していること、少し前まで「敵同士」だった保革の議員たちが並んで立ち、いっしょに拍手していることに、私は深く感じ入っていた。名護の歴史が変わり始めている、大きなうねりが動き出していると実感した。

それから間もなく、最後まで稲嶺氏支持に反対していた共産党が独自候補として推す比嘉靖《ひがやすし》氏との話し合いが進み、私の望んでいた一本化がようやく実現したのだった。

岡田外相との「対話集会」で名護市民の怒りが爆発

話は少し脇道にそれるが、一二月五日に名護市大西公民館で開催された岡田克也外務大臣と住民との「対話集会」について触れておきたい。

普天間飛行場移設問題をめぐって迷走を続ける鳩山政権の岡田外相が行う「対話集会」なるものは、当初、国政選挙区の沖縄三区と四区（いずれも民主党の衆議院議員が出ている）に所在する名護市および糸満市の二ヵ所で開催される予定だったが、集会が非公開とされたことから四区選出の瑞慶覧長敏議員は責任が持てないとして開催を拒否、三区の玉城デニー議員が主催する名護市だけの開催になったと聞いている。

三区住民のうち前もって名簿を出した人だけの限定参加（一〇〇人）、非公開（マスコミは頭撮りのみ）という集会のあり方に抗議して、ヘリ基地反対協議会は参加を拒否したが、私たち十区の会は、集会が単なるアリバイ作りではないかという危惧を持ちつつも、岡田外相の意図がどうであれ、地元住民の意見を直接ぶつけるために六人（名護市議として参加した東恩納琢磨さんを含む）が参加した。

集会の冒頭、マスコミも見守る中で岡田氏は次のように述べた。「民主党はマニフェストで米軍再編見直しを掲げ、鳩山首相が県外移設を言ったのは確かだ。民主党が政権についてから二ヵ月間、米国と話し合い、検証を行ってきた。しかし米国は、検証はいいが、日米で合意したことは変えられないと言っている。辺野古移設とグアムへの海兵隊移転、嘉手納以南の基地返還は一体だ。辺野古移設がなくなればあとの二つもなくなる。日米同盟は日本の安定にとってなくてはならないものであり、持続していくというのが民主党の立場だ」云々…

会場がざわめいた。まるで米国の代弁のような口ぶりに、予想していたとはいえ「やっぱり」と落胆した。

マスコミは冒頭の外相挨拶が終わると閉め出され、住民とのやりとりは密室の中で行われた（会場の外で見守っていた人の話では、カーテンまで閉められてしまったので何も見えなかったという）。

最初に発言したのは、前回二〇〇六年の名護市長選挙で基地反対の立場から立候補した（残念ながら当選を逸したが）我喜屋宗弘《がきやむねひろ》さん。この日の主催者である玉城デニー氏の北部後援会長であることを名乗った上で「辺野古移設反対の民意ははっきりしている。米国の脅しに屈しないで欲しい。辺野古に基地を造らないという大臣の言葉をいただきたい」と、きっぱり要請した。

全体で約一時間という限られた時間の中で名護市議を含め一〇人が発言。戦後六四年間の基地の重圧、移設予定地住民の一三年間の苦しみ、民主党は「県外・国外移設」という公約を守って欲しい、などと口々に訴えた。

十区の会の渡具知さんは一家三人で立ち上がり、「子どもたちの未来のために基地は造らせない」、小学六年生の武龍くんは「約束を守ってください」と堂々と発言した。米国で行われているジュゴン裁判の原告である東恩納《ひがしおんな》琢磨さんは「基地でなくジュゴン保護区を作ることが日米両政府の世界への貢献だ」と述べた。

私は、「正直に言って、この会は結論を決めた上でのアリバイ作りではないかと疑っている。しかし一方で、私たちの思いを受け止めてもらえるのではないかという期待も持って来た」と前置きして、過疎、地域分断の実態、住民の思いなどを説明。「民主党に期待していたが裏切られた思いだ。県外と言いながら、何の検証もされた形跡がない。選挙目当てのリップサービスだったのか。すぐに決められないのはわかる。一三年間我慢してきた私たちは、もう少し待つことができる。急いで辺野古に決めないで欲しい」と言った。

しかしながら、それらに対する岡田氏の答は「二〇〇五年以前に民主党が政権を取っていたら、この問題を白紙で考えることができた。しかし、長年の積み重ねの結果である日米合意を、政権が変わったからといって白紙にはできない。日米同盟は重要だ。みなさんの苦労や気持はわかるが、国益も考えなければならない」と言い訳ばかり。「これから新しいところを探すとなると時間がかかり、その間、普天間の危険が放置される」と彼が言うと、「それは脅しか！」と激しいヤジが飛んだ。

最後に発言したのは、名護市長選挙に立候補を予定している稲嶺進氏だった。彼は「これまでみなさんが述べてきたことが民意だ。名護市民は一三年間も基地問題で二分され、翻弄されてきた。今回の市長選も基地問題が争点となるが、もう終わりにしたい。どうか民意を実現して欲しい」と、みんなの思いを集約し、岡田外相に「名護市への新基地建設計画を早急に断念する要請文」を手渡した。

「次の日程」のために席を立とうとする岡田氏に、胸が煮えくりかえるような思いをじっとこらえていた住民の怒りが爆発。「がっかりした！」「沖縄県民より米国が大事か！」「政府がそんな態度なら嘉手納基地も撤去運動を起こすぞ！」等々の声が会場に渦巻いた。

終始固い表情を見せていた岡田氏に私たちの思いが届いたとは思えないが、少なくとも沖縄側・名護市民の意思を示すことはできたと思う。

私の知人で「稲嶺は信用できない」と言っていた人が「信用できる」に変わるきっかけとなった、この日の稲嶺氏の要請文の一部を以下、紹介したい。

「…市民投票の結果を押し切って当時の市長は受け入れを容認し即辞任した。その結果、普天間基地移設の問題が『政治・行政課題』として名護市に持ち込まれ、『市民自治による地域づくりか』『基地を受け入れることによる経済振興か』という選択で市民世論を分裂させ、名護市民の民意は踏みにじられたまま、今日の『閉塞的状況』をつくりだしております。

…私は、名護市の置かれている『閉塞的状況』を憂慮しております。市民の手に自治を取り戻し、自然や環境を守りながら地場産業を育て自立する地域を再構築していくためには、市民本位の市政の実現が不可欠であると考えております。
…よって、名護市辺野古への新基地建設計画を早急に断念されるよう、強く要請いたします。」

現職陣営が必死の巻き返し

話を戻そう。

このようにして、名護市議会（定数二七、欠員一）の過半数を占める保革一四人の市議、民主・社民・国民新・沖縄社大・共産の各政党の推薦、労組や市民団体、ゼネコン支配からの脱却を望む中小・零細企業など産業界の一部も含め幅広い支持を得た稲嶺氏に、島袋陣営は危機感を強めた。「市民党宣言」した稲嶺氏に対し、「我こそが真の市民党」だと主張して、表面上は自民・公明各党の推薦を受けなかったものの、両党が生き残りをかけて全面的に支持・応援しているのは誰の目にも明らかだった。

なりふり構わぬ「選挙戦術」で必死の巻き返しを計る島袋陣営の選対本部長として采配を振るったのは、一二年前の名護市民投票時の市長であった比嘉鉄也氏だ。彼は、投票で示された「基地ノー」の市民意思を踏みにじって基地を受け入れ、辞任したあとも、ゼネコンと「太いパイプ」を持つ「陰の市長」として名護市政を牛耳ってきた。島袋市長は比嘉氏の「操り人形」と揶揄され、稲嶺後援会幹部は「今回の選挙の最大の目的は名護市を操る黒幕を切ることだ」と語った。

島袋陣営が何百回となく重ねているという懇談会は「（島袋吉和ではなく）比嘉鉄也の懇談会」と

呼ばれ、夜の飲み屋廻り（飲み会を開かせてそこで懇談会を行う）や、ゴルフ大会・ボーリング大会等を組織して高額商品を出すなどが漏れ聞こえてきた。比嘉氏が理事長を務める名桜大学の学生をエイサー隊として島袋陣営の決起集会に動員し、また二〇〇〇票あると言われる同大の票を一票五〇〇〇円で買っているとも噂された。

島袋陣営の各種集会の参加者数は稲嶺陣営を上回っていたが、そのほとんどは企業動員。ある建設業関係者は「締め付けが厳しくて稲嶺のイの字も出せない」とこぼした。稲嶺を支持する企業は入札からはずす、などの脅しや嫌がらせ、「稲嶺が市長になったら振興策がなくなり、計画中の事業も中止になる。軍用地料も市に吸い取られて、もらえなくなる」等の宣伝が盛んに行われ、情報の少ないお年寄りの中にはそれを本気で信じ込む人もいた。

地域が誇りを取り戻す

私たちの久志地域は、一九七〇年に一町四村が合併して名護市になって以降、その中でももっとも遅れた地域として「久志はクシ（ウチナーグチで「後ろ」の意）」と言われてきた。軍事基地やゴミ処分場など人の嫌がるものを押しつけられ、過疎化・高齢化の進むわが地域から市長が誕生するかも知れない千載一遇のチャンスに、多くの住民は熱い期待をかけた。にもかかわらず、それに水をかけるように、当初の基地反対から一二年間の補助金漬けによって受け入れに転じた久志一三区の全区長が、島袋氏のパンフレットに支持者として名を連ねたため、一般住民の猛反発を招き、逆の意味で火を点けた。

とりわけわが三原区では、稲嶺氏の出身区であるにもかかわらず、区長は後援会久志支部の事務所開きに参加しないどころか、テントも机・椅子も貸さないという態度に出た。それは、区民を顧みない独裁区長、区行政の私物化に対する区民のかねてからの怒りに油を注いだ。区の刷新も兼ねて市長選に取り組もうと、区民は燃えた。

何よりうれしかったのは、これまで基地反対の思いを持ちながらも、辺りをはばかってそれを口に出せずにいた地域住民が、堂々と本心を語れるようになったことだ。地元出身の市長候補である稲嶺氏が胸を張って言っているのだから、自分たちも言っていいのだと自信を持ったと思う。地域が誇りを取り戻したと言ってもよい。その意味で私は、候補者が稲嶺氏でほんとうによかった、立候補してくれてありがとうと、感謝したい思いだった。

ついでに言えば、稲嶺氏は実は、故・岸本建男元市長がいちばん後継者にしたかった人だという。前回選挙のとき岸本氏は稲嶺氏に立候補を要請した。しかし稲嶺氏はそれに応じず、第二、第三の候補者も断ったため、四番目だった島袋吉和氏が立候補することになり、岸本氏は病身を押して応援した（彼は前回選挙後まもなく死去）が必ずしも本意ではなかったと聞いている。もし、あのとき稲嶺氏が立候補して市長になっていたら、基地を受け入れた岸本市政の後継者として、本心を表に出すことは難しかっただろうし、私たちとは敵対関係になっていたかもしれない。

それを思うと、僭越な言い方だが、今回の展開は、名護市民全体にとっても、私たち地元住民にとっても、稲嶺氏本人にとっても大いなる幸いだったという気がする。名護市を取り巻く彼我の状況を含め、時が満ちるとはこういうことかと、天の采配のようなものを感じずにはいられない。

光が闇に勝利した

今回の選挙ほど、名護市の「光と闇」がくっきりと浮き彫りになった選挙はなかったと思う。基地の利権がうごめく闇の世界と、「公平・公正で、すべての市民に光の当る市政」との熾烈なたたかいであった。

一七日の告示前後から、私はすべての仕事や用事を返上・棚上げして選挙運動に専念した。今回負けたらもう後はない。何としても勝たねば、という強い思いが私を突き動かしていた。

ビラ配り、電話作戦や個別のお願い、連日の朝立ち、宣伝カーに乗っての訴え（「ウグイスばばぁ」と自称しながら）、スポット演説（基地予定地の地元からのアピール）など、できることは何でもやった。市民有志による自転車隊（私はここ一〇年ほど自転車に乗っていないので遠慮し、伴走車で参加）には、スポーツマンである稲嶺氏自身が参加を希望。候補者が先頭を切って市内を縦横に走り、大反響を呼んだ（稲嶺氏のスピードと持続力は、後続の男性が「お願いだからもう少しゆっくり」と悲鳴をあげるほどだった）。

街頭での反応は抜群によかった。打てば響く、という以上に、市民の側から熱烈に手を振り、声をかけてくれる。「基地問題はもうたくさん」「変わって欲しい」「変えて欲しい」という切実な思いと期待が痛いほど感じられた。とりわけ女性、それも年配の女性が多い。それは、これまでの三回の選挙とは全く違うものだった。「絶対勝てる」と思った。

しかしながら、それは光の世界の出来事だった。もう一方に闇の世界があることを、私は、気になって選挙運動の合間に見に行った期日前投票所の前で思い知らされた。

前回の選挙でも、期日前投票制度を悪用した島袋陣営による組織的な企業動員が目立ち、投票者数の三〇%を超える期日前投票（九五八八票）が名護の悪名を馳せたが、今回はそれに輪をかけた組織動員が展開された。島袋陣営が一五日に行った総決起大会で選対本部長・比嘉鉄也氏は「不在者投票一万票獲得！」の檄を飛ばし、その陣頭指揮を執った。

告示の翌日、名護市選挙管理委員会前に設けられた期日前投票所には初日（一八日）から連日、朝の八時半から夜八時まで車の列が切れ目なく続き、順番待ちの長蛇の列ができた。初日の投票者数が一四〇〇人を超えたため、選管は二日目から番号札を出して整理に当った。私はそれを見ていて気分が悪くなったほどだ。街頭での反応とのあまりの落差にクラクラした。

不正投票監視団。期日前投票所前で。背後は名護市民会館。

期日前投票者数はうなぎ登りに増え、最終日の二四日は何と二九四七票。六日間の合計は一万四二三九票と、前回の一・五倍、投票者数の四〇%以上にも達した。期日前投票の監視行動を続けた「不正投票監視団」のメンバーによると、企業名を明記したマイクロバスから降りてきた作業服姿の人たちを並ばせ、ボードを持った人が一人ずつチェックして投票所に送り込む様子や、「わ」ナンバー（レンタカー）や同じ車が何度も車椅子の人たちを送迎しているのを目撃したという。

一方、沖縄維新の会などの右翼団体が告示日に名護市内で合同の集会とデモ行進を行い、幸福実現党は選挙期間中、稲嶺陣営のシンボルカラーと同じ青をあしらった宣伝カーやステッカーで「辺野古移設賛成！　日米同盟堅持！」などと宣伝。「稲嶺ススムにだまされるな！」「（普天間基地が県外移設されれば）沖縄はシナの植民地になる」等の読むに耐えない怪文書（チラシ）も出回った。また、稲嶺氏を支持する企業経営者や保守系市議に対するバッシングも尋常ではなかった。

しかし、結果的に見て、これらは市民感情に逆効果しかもたらさなかった。また期日前投票も、後半は、動員ではない一般市民の投票が多かったようだ。稲嶺陣営でも、期日前投票自体を止めることはできないので、こっちも行こうと呼びかけていた。たとえ動員されて行っても「票は自分の意思で入れる」という人が少なくなかったと思われる。名護市民の良識が、闇の世界を光の世界に近づけたのだ。

鳩山政権は民意を受止め、辺野古断念を

「名護市民はこの一三年間、二分され苦しい思いをしてきました。もう終わりにしましょう」と、稲嶺氏は選挙期間中、繰り返し訴えた。それは、基地建設のターゲットとされた東海岸だけでなく、基地問題に疲れ果てた名護全域の市民の心に深く染み通ったと思う。その上に、政権交代の新しい風が、彼の主張する「基地とリンクしない振興策」へ希望の光を灯した。稲嶺氏のほうも、選挙戦の中で市民からの確かな手応えを感じ、自らの主張にさらに自信を深めていった。

一二年前の名護市民投票で示された「基地ノー」の民意を「この選挙でもう一度示そう」と選挙

戦で訴えた稲嶺氏は、当選の第一声で「市民投票と（その後三回の）市長選と、名護には二つの民意があると言われてきたが、それが今日一つになった！」と高らかに宣言した。「辺野古・大浦湾の海に基地は造らせないという公約を、信念を持って貫く」と表明すると、詰めかけた支持者から割れんばかりの拍手と歓声が湧いた。響き渡る「バンザイ！」の声の中に、歴史の歯車が力強く前進する音を私は確かに聞いたように思う。

鳩山政権がこの音を、再び示された名護市民の民意をしっかりと受止め、辺野古移設案をきっぱりと断念してくれること私たちは心から願っている。しかしながら、そんな私たちの思いを踏みにじるように、名護市長選翌日の二五日、平野博文官房長官は「（普天間移設について）市長選の結果を斟酌しない」と放言した。強制接収まで匂わせた平野発言は名護市民・沖縄県民を憤激させた。「ぶん殴りたい」と言った（地元紙報道）県選出の照屋寛徳衆議院議員の気持ちは、大方の県民に共通するものだった。稲嶺氏は「アメリカとの合意はいるが地元とはいらないというのは矛盾している。目線はどこにあるのか」と批判（二八日付『沖縄タイムス』）。同紙同日の社説は「県民の心をもてあそぶな」というタイトルで、平野発言を「民主主義の放棄」「背信行為」「裏切り」と厳しく糾弾している。

平野氏は二八日、沖縄選出の与党系国会議員で作る「うるの会」の抗議に対し「（市長選の結果は）民意として尊重する」と釈明したが、現在までのところ鳩山首相も「ゼロベース（すべての可能性）で考えるとして、辺野古への現行計画を断念していない。「すべての可能性」の中でベストは、普天間基地を（移設せずに）なくすことだと私は思うのだが…。

五月までに移設先の結論を出すという鳩山政権に、名護市民の「基地ノー」の意思をはっきりと示すために、稲嶺氏は早速、市議会での「基地反対」決議をめざしている。

名護市の新たな未来へ向けて

二月八日朝、前日来の風雨が嘘のように青空が広がる名護市役所玄関前で行われた新市長就任式は、降り注ぐ陽の光が、新しいリーダーを迎えた名護市の門出を祝福してくれているかのようだった。新市長の就任を喜ぶ市民や取材のマスコミ陣が次々に集まり、市の職員たちが玄関前に勢揃いする中、稲嶺新市長は詰めかけた市民の人垣の間を握手攻めにあいながら登場、盛大な拍手と花束に迎えられた。辺野古から駆けつけた嘉陽のおじぃ（嘉陽宗義さん）が、うれしさのあまり「バンザーイ！」と両手をあげた。

就任演説で、「いま、足が震えています」と笑顔で話し始めた稲嶺市長は、「私は市長選挙で、辺野古に新しい基地は造らせないということと、公平・公正で説明責任を果たす市政を、市民の皆さんにお約束しました」と改めて強調、「名護市がこれまでのように基地問題で全国に名を知られるのでなく、夢と希望に満ちた新しいまちづくりで有名になることをめざしたい」と決意を述べ、「市長は替わりました。新しい酒は新しい皮袋に盛れ、と申します。私も粉骨砕身頑張る決意ですので、職員・市民の皆さんのご協力をよろしくお願いします」と訴えた。

四年前、島袋前市長の就任式で、私たちは、「沿岸案は認めないという公約を守ってください」

という十区の会からの要請書を渡そうとしたが排除された。それを思い出すと、隔世の感を覚える。
むろん、名護市政の行く手は決して平坦ではない。基地問題における日米両政府の厚い壁、破綻寸前の市財政の立て直しをはじめ、利権まみれで溜まりに溜まった膿を取り除く作業は困難を極めるだろう。しかしながら私たち市民は、「市民の目線」に立つ新市長とともに、この作業を担っていく決意を固めている。新市長とともに、私たちは新たな未来へ向けて一歩を踏み出したのだ。

（二〇一〇年二月一五日）

【追記】その後、政府が言及した「キャンプシュワブ陸上案」に対しても稲嶺市長は、はっきりノーを突きつけた。

稲嶺進・新名護市長インタビュー

「名護のティーダになれよ」

――ご当選おめでとうございます。二月八日の就任を前に、市長選で訴えてこられた基地問題や市政刷新に名護市民の大きな期待がかかっています。

私も選挙期間中、過去の市長選とは全く違う市民の熱烈な反応、変革への熱い期待を肌で感じましたが、稲嶺さんが昨年三月の出馬表明以降の選挙戦を通じて、これでやれる、と手応えを感じたのはいつ頃ですか。

稲嶺：最初、九人の市議（保守系および中道派）で出発した時は、前市長のＶ字形沿岸案受け入れの不透明性、内政での不公平や不公正などを正そうということだったのですが、次第に、普天間移設そのものの位置づけをはっきりしないと市民に伝わらない。自分がどうしたいのか、相手候補と何が違うかを明確にしないと市民は納得しないし、新政権にも伝わらないと感じるようになった。

変化が起きたのは、革新系市議や労組・市民団体で作る「刷新会議（稲嶺ススムさんと共に名護市政を刷新する市民会議）」が発足して、そこでいろんな議論が行われ、さらに共産党が独自候補として推そうとしていた比嘉靖氏との話し合いで一本化が決まった後ですね。波というか、うねりのようなものを感じた。あの頃（一一月）が境目だったような気がします。

――稲嶺さんの本心が基地反対であることは私も感じていましたが、率直に言って、当初は、みんなが納得するほど明確ではなかった。はっきり「ノー」と打ち出すきっかけになったものは何ですか。

稲嶺：最初にそれを言葉や文字にして約束したのは、辺野古のおじぃ、おばぁたちの前でした。老体に鞭打って二〇〇〇日以上も座り込んでいる姿を目の当たりにして、なぜそこまでがんばれるのか、それは子や孫たちのためだと聞いて、決断を迫られた。おじぃ、おばぁたちから手渡された色紙に「辺野古・大浦湾の海に基地は造らせません」と自筆で書いたとき、私の心がしっかり定まった。嘉陽のおじぃ（辺野古の嘉陽宗義氏）から「ススム、ティーダヤ　マーカラアガイガ（太陽はどこから上がるか）？」と聞かれて「アガリカラ　ヤイビーン（東からです）」と答え、「名護のティーダになれよ」と激励されたことは、私の大きな支えになりました[1]。

告示後の出陣式（1月17日）

――今回の勝因の一つは、これまでのような保革の対決を超えられたことだと思います。稲嶺さんも「立場や主義・主張の違いを乗り越えて」とおっしゃっていたし、それが市民の共感を得たと思うのですが、逆に言えば寄り合い所帯の脆弱さも指摘されていますね。

稲嶺：保革のたたかいになっていたら、今までと同じ構造にしかならなかったと思います。とは言っても、（前回選挙では現職を支持した）保守系議員の後援会とはずいぶん激論しましたよ。みなさんは基地建設の恩恵をほんとうに受けてきたのか。そうでないから反旗を翻したんじゃないの？　基地を受け入れれば、今までと同じことが続くだけだ。みんなが公平に、正当な競争で仕事を受けるためには、今までのあり方を断ち切り、変えなければならないということで、相当やり合いながら、最後までつなぎ止めてきた。

――稲嶺さんの出身地である久志地域の全区長（一三人）が現職側に付いた（パンフレットにも名前を連ねた）ことは、稲嶺さんにとってはかなり辛かったのではありませんか。

稲嶺：最初、「一三区の区長は全部ゲットしたよ」と相手側に言われた。しかし、実際に地域に入って話してみると住民は全然違うことがわかったので、あとは何も感じませんでした。

――区長たちの動きに住民が怒って結束したので、かえって稲嶺さんへの支持が盛り上がった。「区長たちは功労者だ」と言っている人もいますよ（笑）。

早速、市議会で「辺野古移設反対」決議をあげたいとおっしゃっていますが、市議団の「足並みの乱れ」を懸念する声もあります。

稲嶺：私は楽観主義者なのかもしれませんが、そんなに心配していないんですよ。議会で与党とか野党とかいう不毛な議論をやったってしょうがない。議会は誰のためにあるのか。一つひとつの議案が市民にとって是なのか非なのかを議論して決めればいい。ほんとうは、狭い議場でなく、体育館みたいな広いところで市民も交えてやるのがいいと、私は思っているんですが（笑）。市民の常識が役所や議員の非常識であってはならないと思います。

――稲嶺さんがずっと言われてきた「市民の目線」ですね。

それにしても、基地問題に関する日米両政府の厚い壁、これまでに溜まった膿や歪みをどう正していくかなど問題は山積しています。就任してまず手がけたいのは何ですか。

稲嶺：「市民の目線」を市長だけでなく役所全体が持つために、職員と徹底して話し合い、役所は変わったなと市民が感じ、言えるようにしたいと思っています。まずは、前市長が二人制にした（〇八年四月～）副市長を一人に戻し、基地対策アドバイザー（同年七月～）[2]を廃止する。基地を拒否するのだからアドバイザーはいりません（笑）。それによって四年間で一億円余の経費を削減できますから、それを教育や福祉予算にまわす。

市財政にどれだけの負債があるのか、それがどういう負担として現れてくるのか。それはこれから精査しなければなりませんが、人事にしても、選挙功労などでやってしまうと前市政と同じ穴の狢になるので、そういうことはやってはならない。

――これまでの基地がらみの振興策ではハコモノばかりがたくさん作られてきました。現政権は基地とリンクしない振興策を打ち出し、実際に予算も計上されていますが、それをどう使うおつもりですか。

稲嶺：まずは農業部門への手当てですね。かつて名護・やんばるのメイン産業は第一次産業、農業でした。それが、かつての九〇億円以上から六〇億円を切るまでに生産力が落ちている。それを回復するだけでも相当の市民所得の向上になります。そのための機構強化や農家のニーズも聞いて、例えば土作りのために堆肥の安価で恒常的な供給などに取り組みたい。

次には子育て部門です。保育所待機児童の解消や放課後の子どもたちに手を差し伸べるなど、若い夫婦が安心して働ける環境を作りたい。また教育環境の充実にも力を入れたいと思っています。自立した市民をどう育てるかが課題です。

――「移動市長室」なども公約にあげておられましたね。

稲嶺：これには予算はいらないので、すぐできます。ただその場合、あれをやって欲しい、これをやって欲しいという要求型になりがちです。それはもちろん大事ですが、行政に「おんぶに抱っこ」になってはいけない。「協働」というシステムを作っていくことが必要です。

当確を決め、支持者と握手する稲嶺進氏と妻・律子氏。（1月24日）

――公約の実現は市長だけではできないし、役所だけでもできない。市民みんなが協力しながら実現していくということですね。

稲嶺：それができれば、名護は「田舎の町」から成長すると思います（笑）。今度の選挙のやり方を見ても前近代的でしたよね。「市民力」をもっと高めていく必要がある。

――「基地ノー」の民意が市長選に現れたのは確かですが、法的に言えば、市長にそれを拒否する根拠はありません。もし鳩山政権が移設先を辺野古に決めた場合はどうしますか。

稲嶺：法的権限がないのはその通りです。その時には、辺野古のおじぃ、おばぁと同じことをするまでですよ（笑）。

注

（1）辺野古も、稲嶺氏の出身地である三原も名護市東海岸に位置する

（2）沖縄県政策調整官（副知事級）を退任した府本禮司氏が就任

（二月一日、後援会本部事務所にて収録）

＊本稿は、『週刊金曜日』七八七号（二〇一〇年二月一九日発行）掲載の原稿を加筆修正したものです。

第2部

いのちをつなぐ

環境マニフェストを問う

沖縄県議選立候補者に環境政策アンケート

数年来の知人であるインターネット新聞JANJAN編集部の奥田夏樹さんから、沖縄県議会議員選挙（五月二〇日告示、六月八日投開票）の立候補者に「環境アンケート」をやってみませんかと提案されたのは、二ヵ月ほど前だった。

生物多様性はガラパゴス諸島以上だと言われ、世界自然遺産の候補地でもある沖縄の自然は、今や風前の灯だ。島々を焦土と化した六三年前の地上戦、その後の米軍占領に伴う大規模な基地建設、そして三六年前の日本復帰以降は、米軍基地を継続使用する見返りに日本政府が投下した高率補助金による大規模開発・土木工事が、繊細でもろい島の生態系をズタズタにした。

ダム建設や必要をはるかに超えた林道建設、農地造成など沖縄の自然条件に合わない公共工事。それら陸域の開発から流出する赤土が、かつて「魚湧く海」と言われたサンゴ礁の内側の浅海を死の海に変え、埋め立てやすい浅海は、貴重な干潟を含め次々に埋め立てられていった。それらに追い打ちをかけるように、最後に残された海と山の自然をねらい打ちするかのごとく新たな米軍基地建設の計画が進んでいる。地球上でやんばる（沖縄島北部）の森にしかいないヤンバルクイナやノグチゲラ、沖縄を生息の北限とするジュゴンをはじめ多くの野生生物が絶滅の危機に瀕し、人々の暮らしも大きく脅かされている。

このような状況に危機感を持ち、破壊に歯止めをかけようと、県内では多くの草の根の市民グループ・団体が地道な活動を続けてきた。島と子や孫の未来を何とか守りたいと、身銭を切って血のにじむような努力を重ねてきた。しかし、その努力は必ずしも報われているとは言い難い。

沖縄の自然の著しい価値、その破壊の大きさと緊急性に比して、政治の動きはあまりにも鈍く、私たち市民グループの危機感を共有し、解決に向けて動いてくれる政治家はなかなか見つからない。私たちの悪戦苦闘が、空しいこだまのように政策に反映されないままでいいのだろうか……。

そんな思いを抱いていた私たちにとって、奥田さんの提案は一つのきっかけとなった。

歴代県知事も、また沖縄県議会においても、残念ながら、環境問題に関心の深い、あるいはきちんとした政策を持った政治家はこれまでほとんどいなかったというのが実感だ。しかし、それを嘆いている時期はとうに過ぎた。いなければ育てよう。「環境アンケート」市民と政治家が協力し合わなければ、沖縄の環境の危機的状況を変えることはできない。「環境アンケート」はその出発点になりうるかもしれない、と思ったのだ。

そこでまず、アンケートの実施母体として「沖縄環境マニフェスト市民の会」を立ち上げた。当初「マニフェスト」の意味も知らなかった私と、北限のジュゴンを見守る会の鈴木雅子さん、沖縄大学地域研究所の研究員でもある奥田さんの三人が世話人となり、県内の自然保護グループ約三〇団体に賛同と協力を呼びかけ、それぞれから質問を出してくれるよう依頼した。各団体や個人から寄せられた質問を整理して、立候補予定者一人ひとりの環境問題への意識や関心の度合いと、問題解決への姿勢を問うアンケートを作成し、五月半ばまでに各予定者へ送付する予定だ。

アンケートの結果は、協賛をいただいたJANJANをはじめ、県内マスコミにも発表し、県民が投票する相手を決める判断材料として供したいと考えている。ど素人の初めての試みなので、どこまで本質に迫ったアンケートが作れるのか自信はないが、私たち草の根の市民と二人三脚で問題解決に動いてくれる政治家が沖縄に育つことを夢見て努力したい。

（二〇〇八年五月一〇日）

環境アンケートの結果を見る

私たち「沖縄環境マニフェスト市民の会」は六月三日、記者会見し、沖縄県議選立候補者に対する「環境政策アンケート」の集計結果を発表した。

立候補者七四人中七二人（告示ぎりぎりに立候補表明したお二人には連絡先不明のため発送できなかった）に、A4用紙六枚、二三項目に及ぶアンケートを郵送し、六月五日現在、三九人の回答が寄せられている。告示前後の多忙な中で多岐にわたる質問に答えて頂いた候補者の皆さんには、心からお礼を申し上げたいと思う。

各政党にそれぞれの公認・推薦候補の連絡先提供をお願いし、すぐに提供のあった共産党、社民党、社大党の候補者に五月一六日、第一次の発送（五月二〇日回答期限）を行った。その後、民主党、そうぞうからの提供があり、公明党、自民党からは何度催促しても提供がなかったため、会独自で連絡先を調査し、五月二六日を回答期限として第二次の発送を行った。

当初は、告示（五月三〇日）前に回答を集計して記者発表する予定だったが、回答率が低いのでしばらく待つことにし、回答のない候補者全員に対して再度、アンケート用紙を添付しファクスと電話による催促を行った。告示後であったため、多忙を理由に回答を「パスさせて欲しい」と答えた候補者もいた。

回答率の低さ、とりわけ県政与党の圧倒的な低さと無関心は、自然環境保護が未だ沖縄の政治の重要課題となっていないことを物語っている。自然環境は与野党を超えた人間の生きる基盤であり、県政の中心を担う与党にこそ答えて欲しかったと残念に思う。

寄せられた回答を見てみると、沖縄の自然の価値については回答者全員がよく認識しており、それが危機的状況にあることも、与党の一人を除いて認識していることがわかる。しかし、その自然に脅威を与えている個々の問題や、それに対する具体的な対処については、必ずしも充分な意識や認識、理解が得られているとは言えず、とりわけサンゴや海草の移植、観光と自然保護、埋め立て問題等については情報不足、勉強不足が否めない。

共産党は泡瀬干潟の埋立反対運動など現実の運動に具体的に関わっている強みか、移植問題をはじめ高い見識を持っていること、組織内でかなり勉強しているであろうことが感じられた。回答者の多くが野党候補者だったこともあり、自然保護＝基地反対を強調する答がかなり見受けられた。これは沖縄特有の現象であり、基地問題に翻弄される状況の困難さを表している。それは一面の真実だが、そういう単純図式だけに当てはまらない問題を含め、選良の皆さんには広い視野を持って欲しいと思う。

県内紙が行った候補者への政策アンケートには環境問題が取り上げられていなかったため、市民の会による環境アンケートに対する県内マスコミの関心は決して低くはなかったが、『沖縄タイムス』以外での報道が行われなかった（六月六日現在）のは、選挙報道の中にどう盛り込むか、また、内容の複雑さを報道するのが難しかったのかもしれない。

このアンケートは、草の根の市民による初めての試みであり、手順もよくわからないまま試行錯誤を重ねた。そのため集計結果の発表が遅れ、当初の目的の一つであった、有権者の投票の判断材料として提供するという意味ではいささか遅きに失した感がある。しかしそれでも、インターネットによる公開、若者による県内各大学への掲示などは、手応えのある反応を呼び起こしている。

加えて、アンケートによって候補者それぞれ、また各政党の環境意識がかなりの程度にわかったこと、もう一つの目的である、政治に携わる人々（新県議になる方々）と市民団体とが学び合い、共同作業を行っていく上での基礎資料となるという意味では、大きな成果が得られたと思う。

（六月六日）

衆議院選でもアンケートを実施

「沖縄環境マニフェスト市民の会」では、二〇〇九年衆議院議員選挙の沖縄選挙区立候補者に対する環境政策アンケートを行い、その結果を八月二五日に記者発表した。昨年の沖縄県議会議員選挙候補者へのアンケートに続く二回目である。

アンケートの目的は、各候補者の環境問題への関心や理解・認識の度合いを知り、投票日前にその結果を公表して有権者の選択の判断材料の一つとして供したいというのはもちろんだが、もう一つ、当選した議員にアプローチしていくための材料になるということもある。はっきり言って、市町村レベルから国政レベルまで、沖縄の政治家（議員）たちの環境意識は決して高くないことを、この間、痛感させられてきた。基地問題や経済問題があまりにも大きいため、そこに引きずられて環境にまで意識が行かないのかもしれない（私から見ると、それらの問題は環境問題と切り離せないというか、環境問題を抜きにしては物事の半分しか捉えられないと思うのだけれど……）。

前回、県議選のときは、こちらからかなり詳細に選択肢を提示し、その中から選んでもらう形式を取ったのだが、それではこちらの価値観を押しつけることになるし、回答も「お利口さん」回答になってしまい、その人のほんとうの意識はわからないのではないか、記述式にすれば、関心や意識の低い人は回答できないかも知れないが、それが現実なら、現実をしっかり見る必要があるのではないか、等々の批判や提言もいただき、前回の反省の上に立って、今回はごくシンプルな（その分、答えるのが難しい）設問にさせてもらった。

質問事項は次の通り。

〔一〕「沖縄の環境問題」としてあなたが考えるものをあげてください（いくつでもけっこうです）。

〔二〕上記のそれぞれについて、あなたはどのような政策を持っていますか。具体的にお答えください。

〔三〕沖縄が現在直面している次の環境問題について、あなたはどんな政策をお持ちですか。それぞれについてお答えください（〔二〕と重複するものについては省いてください。無回答のものについては政策なしと判断します）。

①那覇空港拡張に伴う埋立て　②那覇港（浦添埠頭地区）港湾整備事業の西海岸道路建設と将来の沖合埋立て・那覇軍港移設　③泡瀬干潟埋立ておよび東部海浜開発事業　④辺野古・大浦湾沿岸埋立ておよび米軍基地（普天間飛行場代替施設）建設事業　⑤東村高江のヘリパッド建設　⑥やんばるの林道建設　⑦既設ダムおよび将来のダム計画　⑧沖縄近海における海砂採取　⑨環境影響評価法および沖縄県環境影響評価条例

アンケート結果については「沖縄環境マニフェスト市民の会」のブログに掲載し、寄せられた回答はそのまま載せた。以下は二五日の記者会見資料の内容（一部）である。

■回答状況

回答：七人

社民党二人（二区・照屋寛徳、三区・新川秀清）

民主党二人（三区・玉城デニー、四区・瑞慶覧長敏）

共産党一人（一区・外間久子）

自民党一人（四区・西銘恒三郎）

無所属一人（三区・小渡　亨）

無回答：八人

幸福実現党四人（一区・平良成輝、二区・富川昇、三区・金城竜郎、四区・富川満也）

自民党三人（一区・国場幸之助、二区・安次富修、三区・嘉数知賢）

国民新党一人（一区・下地幹郎）

■回答についての見解

「環境の時代」と言われながら、国民の代表としての選良をめざす国政選挙の争点として「環境（政策）」がほとんど表に出てきていない現状がある。マスコミの選挙報道においても、例えば辺野古の基地建設は「基地問題」として、泡瀬の埋立ては「経済問題」として取り上げられるのみで、環境問題、環境政策としての観点に乏しい。

私たちは、環境なくして（経済をはじめとする）人間の暮らしは成り立たないと考える市民の立場から、立候補者の環境意識や政策を知り、投票の判断材料として役立てるとともに、当選の暁には、環境議員の育成、市民との協働をめざすために本アンケートを実施した。

@再三の督促にもかかわらず回答者は七人と五〇％以下であった。無回答の候補者については、環境意識のなさ、無関心を憂慮するものである。

@回答をいただいた七人の中にも落差が見られる。沖縄のさまざまな環境問題・課題に対して誰が真摯に取り組もうとしているのかが読みとれる。

@政党別の評価

社民党：立候補者二人全員に詳細な回答をいただき、その政策が具体的に理解できる。

民主党：立候補者二人全員に回答いただいた。内容についてはかなり大雑把な面も見られる。

共産党：立候補者一人中一人に丁寧な回答をいただいた。

自民党：立候補者四人中一人に真摯な回答をいただいた。三人は無回答。これまでの政権党として責任ある回答が欲しかった。

無所属：立候補者一人中一人に回答をいただいた。環境はあくまで努力目標であり、まず「環境ありき」ではないとの立場を明らかにしていただいた。

幸福実現党：立候補者四人全員が無回答。

国民新党：立候補者一人中一人無回答。一区において優勢と伝えられる候補者だけに、無回答はきわめて残念である。

（二〇〇九年八月二七日）

【追記】以上の回答者中、当選者は三人。そのうち環境意識が最も高いと思われるのは照屋寛徳氏。民主党の玉城デニー氏、瑞慶覧長敏氏の回答はいささかおぼつかない感じで、玉城氏は泡瀬埋立てについては回答を避けた。無回答の下地幹郎氏は一区で圧勝したが、環境問題にはほとんど無関心ではないかと思われる。これを「教育」していくのはかなりの難業……？

（九月一日）

地域を結びなおす

二見以北四小学校を統合?

二〇〇八年五月一九日夜、名護市教育委員会による「二見以北四小学校の統合に関する全体説明会」が名護市久志支所ホールで開かれた。

過疎化の進むわが二見以北にある久志小学校、三原小学校、嘉陽小学校、天仁屋小学校の統合問題が取り沙汰されるようになったのは二年ほど前からだ。嘉陽小と天仁屋小はあまりにも生徒が少ないので、子どもの親たちの間では統合を望む声が高いが、地域住民は、地域から学校がなくなることには反対していると聞いていたし、ある程度まとまった生徒数を擁する三原小(生徒数三〇余人)と久志小(生徒数五〇余人)に関しては、親たちからも統合したいという積極的な声は出ていなかった。

ところが、この日の市教委の説明によると、来年度には久志小学校(瀬嵩在)に暫定統合し、三年後の二〇一二年度には汀間《ていま》(瀬嵩の隣り部落)にある久志中学校に隣接して小学校を新設し、小中一貫教育校を開校するというのだ。あまりの拙速さに唖然とした。

市教委の資料によれば、四小学校の「複式学級における教育課題の解消を図る観点から」審議会に諮問し、その答申を受けて〇六年八月、市教委としての方針を決定したという。その後、一年余にわたって保護者及び地域との意見交換会を重ねた結果、大方は「統合もやむを得ないという意見」だと述べている。

私は説明を聞きながら、腹が立って仕方がなかった。これまでの意見交換会に私も二度ほど出たことがあるが、市教委の説明は常に「結論ありき」で、どんな疑問や異なる意見が出ても、それは聞き流されるか、説得の対象となるだけで、結論がいささかも変わることはないという印象を受けた（これは私だけでなく、みんなが異口同音に言っている）。意見交換会が回を重ねる毎に参加者が減り、意見を言う人も少なくなってきたのは、納得したからではなく、「何を言っても、変えられない」「結論は決まっている」と感じているからであり、「あきらめさせる」ための説明会になっているからだ。

そもそも、教育委員会の方針を決めてから意見交換会をやること自体がおかしい。まずは保護者や住民の意見を聞き、それを含めて方針を決めるべきではなかったのか？

私はたまりかねて手を挙げ、そのことを指摘したが、「教育委員会の結論を押しつけるつもりはありません」と教育次長がいけしゃあしゃあと言うので、ますますむかついた。住民をどこまでバカにするつもりだろうか…。新設校の建設と四つの小学校の跡地利用で儲かる人たちがいるはずだ。子どもたちのためという美名の後ろに土建利権の匂いを嗅いでしまうのが情けない。そして、それらはすべて基地の見返りだということもはっきりしている。仮に統合するにしても既存の学校施設を使い、老朽化している建物だけ修理または改築して欲しいという保護者の意見のほうがずっとまっとうなのに、四つもある施設を使わず、新しく造るという無駄を、子どもたちにどう説明するのか？

少し前に学校給食センターの廃止・統合が問題になり、反対の声を押し切って名護市は久志給食センターの廃止を決めてしまったが、「まったく同じ手口」だと多くの住民が感じている。

（二〇〇八年五月二〇日）

森の恵み――命の水

五月二五日に部落行事のアブシバレーに参加した。アブシバレーは「畦払い」のことで、「虫払い」とも言う。農薬などのなかった時代、田畑の畦の草を刈り、そこに潜む害虫（もちろん人間にとっての）を追い払って豊作を祈願する行事だ。以前に住んでいた安部《あぶ》区では、芭蕉の茎を組み合わせて作った小さな船に、畑から捕ってきた虫を載せ、海に流す儀式を行った。虫たちが、ここよりももっとすばらしいニライカナイ（海の彼方の理想郷）に辿り着くようにとの祈りを込めて流すのだ。

私が現在住んでいる三原区は伝統行事の少ない屋取（ヤードゥイ＝寄留民）集落なので、そういった儀式はなく、アブシバレーの日は、みんなで水源地の清掃を行う。

かつてはどこの集落も独自水源を持っていたが、今ではほとんど市営水道に切り替えられており、昔ながらの水源を利用している私たちのような集落は珍しくなった。特に飲料水まで自分たちの簡易水道でまかなっているところはほとんどない。最近は水質が落ちて大腸菌が多く検出されるようになり、ここ数年来、名護市から市営水道への切り替えを勧められているが、何しろ月に五〇〇円で使い放題（といっても、雨の少ない夏場にはしばしば水量が減ったり断水したり、台風や大雨のあとにも送水管が壊れたり詰まったりして断水することも間々あるが）とあっては、部落の話し合いの結論はいつも「今のままで使いたい」に落ち着く。ただ、水源地は、急坂をいくつも超え、険しい山道を辿った奥深くにあって管理がたいへんなので、住民の高齢化が進む中、いつまで管理できるかという不安も抱えている。

水源地への険しい山道。ロープで崖を登る。

背後に広大な山林が広がる区域には三ヵ所の水源があり、三つの水道組合がそれぞれ管理・利用している。中でも私の所属する組合の水源地がいちばんたいへんな場所にあるというので、それを知るために、頼んで連れていってもらうことにした。例年、山の水源地の清掃に行くのは男たちだけで、女たちは部落内の草刈りをするのが通例だ。

管理道（山道）を草刈りし、道の壊れているところはツルハシで直しながら、一歩踏み違えると谷底に落ちそうな急坂を上り下りし、ある時にはロープにつかまったり、這いつくばったりしながら岩をよじ登るのは、確かにたいへんな作業だった。軽々と歩き、作業をするおじさんたち（「おばさん」の私がこう呼ぶのは失礼かもしれないけれど）がとても頼もしく、輝いて見えた。

「あんたが水源地まで着いてこれるなんて、実は思っていなかった」と何人もの男たちにあとで褒められた（?）が、山の好きな私にはなかなか面白い山歩きだった。途中の滝で一休みし、うっそうとした木立を映す水源地に着いたときは、ここから水をもらっているんだと感慨無量だった。以来、蛇口をひねるたびに、水源地の光景を思い出し、水と、それを生み出してくれている森に対する感謝の気持ちが甦る。

とはいえ、私は荷物を持たずにやっと登れたのだ。送水管の修理などの場合、道具を持って登らなければならないから、かなりの体力が必要になる。三〇代くらいの若い男性が途中でダウンして登るのをやめたのも目にした。七〇～六〇代の年配の人たちは昔から薪採りなどで山歩きに慣れているから今はまだ大丈夫だが、この人たちがもっと年取って歩けなくなったら、次の世代の人たちが管理を担えるかどうかは極めて心許ない。

それでも、部落の宝とも言えるこの水源を、なんとかみんなで知恵を出し合って守っていきたいものだと思っている。

（五月二六日）

六二年ぶりに復活した二見ハーリー

旧暦五月四日はユッカヌヒーと呼ばれ、沖縄各地で海の安全と豊漁を祈るハーリー行事が行われる。今年のユッカヌヒーは六月七日（土曜日）だったが、二見以北の入口に当る二見区では、翌八日（日曜日）にずらしてハーリーが開催された。

ひと月ほど前から二見集落周辺にハーリーの開催を知らせる横断幕が貼られ、「六二年ぶりの復活」を知らせていたので、必ず見に行こうと私は心に決めていた。

梅雨の真っ最中で、天気予報も雨だったので心配していたが、二見の人々の熱意が天に通じたのか、当日は朝から青空が顔を覗かせ、海も穏やかで絶好のハーリー日和。二見のハーリーは戦後まもなく一度実施されて以降、途絶えていたのを、当時を知るお年寄りがまだ元気なうちに復活しようと、区の成人会が一年かけて準備してきたものだという。テントに集ったお年寄りたちのうれしそうな顔に、見る方もうれしくなった。

ハーリー行事は、海の神様に捧げるウガンハーリーから始まる

大浦湾の奥に位置する二見（スックとスギンダという二つの集落をまとめて二見と呼ばれる）は過疎化が進み、現人口約八〇人の小さな集落だが、この日は出身者をはじめ区民の四～五倍の人数がハーリー会場である集落前の海岸を囲んだ。

海の神様に捧げるウガン（御願）バーリーに続いて、区の内外から駆けつけた一二チームが熱戦を繰り広げた。大浦湾の入口に見える長島と平島に向かってハーリー船が一斉に漕ぎ出すと、鉦や太鼓を叩いての応援がにぎやかに展開される。

浜で懸命にカネや太鼓を叩く応援団

子どもたちも大はしゃぎで、安全な場所で泳いだりカヌーに乗って遊んでいる。もしも新基地が造られてしまえば、こんな行事もできなくなる。この素敵な光景がいつまでもあるようにと、祈る思いで写真に収めた。

今年のハーリー船は名護市の観光協会から借用したらしいが、撮影に来ていた写真家の小橋川共男さんが「昔は伝馬船でハーリーやっていたらしいよ。それが再現できるといいね」と言った。伝馬船は、戦前から戦後しばらくまで、やんばると中南部を往復していたヤンバル船の本船と岸を結ぶ小型運搬船（薪などの荷物を運ぶ）のこと。大浦湾はかつてヤンバル船の良港だった。大浦湾にもう一度ヤンバル船を浮かべてみたいと密かに夢想している私は、伝馬船ハーリーを想像して胸が高鳴った。

ハーリーが終わったとたん、待っていたように大粒の雨が落ち始め、あっという間に土砂降りとなったが、振る舞われた豚汁のおいしさが悪天候をはねとばしてくれる。何よりも、近年、商業ベースの派手な祭りが多い中で、地味だけれど心のこもった、地域住民手作りの祭りの温かさが、私の心を満たしていた。この行事が来年も、そして末永く続くことを願いつつ、会場を後にした。

（六月一一日）

繰り上げ当選した東恩納琢磨さん、市議会デビュー

一昨年（二〇〇六年）九月、十区の会で選挙を取り組んだ東恩納琢磨さんが、晴れて市議になった！

市議選での一票差落選に異議申し立てを行い、裁判で同数という判決が出たものの、くじ引きで泣いて、本人もほとんどあきらめていた市議の席が、県議選への立候補に伴う欠員（名護市議の二人が立候補のため失職）により、向こうからやって来たのだ。紆余曲折の末の思いがけない繰り上げ当選に、本人も、私たち支援者も最初はいささか戸惑ったが、六月五日の当選証書付与式を経て、やっと実感が湧いてきた。

六月一二日、六月市議会本会議開会の日の冒頭に、琢磨さんは就任の挨拶をすることになった。通常の選挙で選ばれた議員の場合は人数も多いし、一人ひとりの挨拶の機会はないが、今回は特別に議会事務局から一〇分ほどの時間を与えられたという。

「われらが琢磨」の晴れ舞台をぜひ応援しなければと、みんなで誘い合って傍聴席を満杯にしたのに、本人は緊張のあまり全然気付かなかったと、あとで聞いて苦笑した。しかし、彼の就任挨拶はとても感動的で、傍聴した人たちからも好評だった。その一部を引用してみたい。

「…私は以前、土建会社に勤め、道路建設に携わってきました。地域が便利になり、地域の人々に喜んでもらえるという実感から道路を造る仕事に誇りとやりがいを感じておりました。

しかし、一一年前の一九九七年、普天間基地の代替案として、この名護市に新たな基地建設の計画が持ち上がり、私の人生は一変しました。

……地域に喜ばれることではなく、基地建設という地域に迷惑な施設を作る仕事に従事する、自分にはそんな選択しかないのかと、私は悩みました。そして、いや、違う道があるはずだ、その違う道を選択して、勤務していた土建会社を辞めました。

その年の暮れに、私の決断が正しかったのだと、希望を与えるできごとがおきました。名護市民の住民投票です。基地というやなものを、人口の少ない地域、弱いところ、力のないところに押し込めて、それで市の財政を潤すという、そういう、誰かの犠牲の上に成り立つ社会構造に、市民はストップをかけたのだと思います。……あの結果を見たとき、私は、この町に住んでいいのだ、これからも住めるんだ、この町に住み続けたいと思いました。そして、積極的に市民として、自分たちの政治に関っていこうと思うようになりました。

あれから一一年、私はここに住み続けています。そして基地はいまだ造られていません。国によるボーリング調査の強行や、違法なアセスの事前調査などの厳しい状況の中で、私が基地いらないという思いを貫けたのも、原点である住民投票があったからです。

そしてその一一年の間に、人と人との絆が広がり、仲間とともに、いろいろな知恵を出し合ってきました。どうしたら基地に頼らずに、名護市を活性化していけるかを、模索してきました。その中で一番の成果は、豊かな海の再発見・再発掘だと思います。

……皆さんに問いたい。この一〇年余りの間で、進むべき道がはっきり見えてきたのではないかと。基地の見返りの北部振興策が地元を潤さず、中小・零細企業がどんどん潰れていきました。基地建設をはじめとする巨大公共事業は、ゼネコンに利益が吸い取られるだけで地元に何のメリットも無いこともわかってきました。国からの交付金にいつまでも頼ることはできないと、誰もが認識するようになったのです。

市民のために政治や経済があるのです。市民が基地を望まないのであれば、まずそれを優先し、基地に頼らないでどういう市の運営をしていくのか。今よりももっともっと、市民に意見を言う機会を与え市民とともに考えていくのが私たち市議会の仕事だと思います。米軍基地という負の遺産を子どもたちに残すのではなく、郷土愛を育むような地域の特色を活かした市民参加型の社会を築くべきです。

一一年前、ジュゴンの保護区を作ることや、私が市会議員になることなどまったく考えられないことでした。しかし、諦めなければ実現可能になるのです。

…この沖縄に吹いている新しい風を認識して下さい、ぬるま湯に漬かるのではなく自ら変えて行く、そこに可能性が生まれるのです。……」

市議の中には基地に賛成している人たちも多いが、彼らも含めて琢磨さんに対する視線は温かかった。琢磨さんの言葉は彼らの心の琴線のどこかに触れるのだろうという気がした。

琢磨さんの一般質問の日程が二四日に決まった。質問要旨を一緒に作りながら、これまで行政に届かなかった自分たちの思いや言葉を届けていける道ができたのだという喜びを、じわじわとかみしめつつある。

（六月一五日）

統合見直しを求める陳情を出す

「二見以北四小学校統合の見直しを求める陳情」を名護市議会に提出した。名護市教委は、これまでに各地域で三〇数回の意見交換会を行い、五月一九日の全体説明会をもって「説明責任は果たした」という認識（議会答弁）らしく、今後は来年度の暫定統合に向けての作業を進めるという。九月議会では遅すぎると思ったので、六月議会に間に合うよう急いで文書を作った。

ほんとうはＰＴＡや地域での話し合いを持って出したかったのだが、そんな時間もないので、何人かの人に文書を読んでもらった。読んだ人はみんな同意してくれたので、「地域と子どもたちの未来を考える二見以北住民有志」という名前で、私が連絡先となって提出した。市教委の進め方への疑問をあげ、あまりにも拙速なスケジュールを見直し、「結論ありき」でなく、さまざまな可能性を踏まえてさらに論議を深め、よりよい方向を住民と共にさぐって欲しいという、ごくおとなしい内容である。

全体説明会のときに「小規模特認校制度」という言葉を初めて聞いた。四校を統合した後も生徒数は減少する見通しだという市教委の説明に、「再び複式になるのではないか」「他の地域とまた統合されるのではないか」という質問が出た。それに対して市教委は「その際には『小規模特認校制度』などを導入して、そうならないようにする」と答えた。制度のことはよくわからなかったが、そういうものがあるのなら、なぜ今導入できないのかと、私は質問した。答は「今はできません」だった。

帰宅してからインターネットで調べてみた。正確には「小規模校特別通学区認定制度」というらしく、条例によって指定された学校に同一市町村内のどこからでも通学できるようにする制度だ。この制度を取り入れている全国の市町村や学校が一〇〇件以上も出てきて、とても全部は見ることができないが、過疎地が廃校を免れたり、少人数のきめ細かい、特色ある学校作りをしているようだ。少子化の中、政府・文科省も奨励し、市町村がやる気さえあれば、お金もかからず、すぐに導入できる制度だということがわかった。「今はできない」のではなく、市教委が「今は」やる気がないだけなのだ。

市議会本会議の日程が終わりかけた頃、議会事務局から連絡があり、民生・教育委員会で、陳情に関する意見陳述の機会をもうけるという。指定された六月二六日に、私を含む住民有志三人で出かけた。二見以北からの新市議・東恩納琢磨さんも委員の一人なので心強い。

私たちはおおよそ次のようなことを述べた。

＊審議会でどんな議論があったのか、住民には知らされていない。複式の解消は教員を配置すれば解決できることであって、それがなぜいきなり四校統合になるのか不可解。その他の選択肢が示されていないのはおかしい。

＊地域にとって学校の持つ重要性の認識が不足している。学校は、現在在校している子どもや保護者だけの学校ではない。特に二見以北のような過疎地においては学校は地域の要であり、学校が

なくなると過疎化がいっそう進む可能性が大きい。
＊いきなり四校統合するのでなく、嘉陽小と天仁屋《てにや》小を三原小に統合し、久志小との二校体制で行くという方法もあるのではないか。小規模特認校制度も考慮して欲しい。

「すでに流れは決まっている」中で、私たちの意見がどれだけ委員会を動かせるか、正直なところ、あまり期待はもてない。しかし少なくとも、理不尽なことを黙って受け入れはしないぞ、というメッセージは伝わるだろう。

私たちの陳情は「継続審議」になったと、琢磨さんが教えてくれた。

（六月二七日）

二見以北三小学校で最後の運動会

前述したように、民生・教育委員会に付託された陳情は継続審議となったが、その間にも名護市教育委員会は統合に向けた協議を強引に進め、統合は避けられない見通しとなった（継続審議でうやむやにしてしまうのは彼らのいつもの手だ）ため、私たちは九月議会に陳情を出し直した。統合に納得はできないが、それが避けられないなら、せめて久志小学校だけでも残して欲しい。来年度、久志小学校に暫定統合し、三年後に新設校に移転して久志小学校も廃校にする、という市教委の計画に対し、新設校を造るのでなく、久志小学校への統合にとどめ、そこにおける施設や教育環境の充実を図って欲しい、という内容である。

さらに、廃校になる三つの小学校の跡地利用について、民間に移譲したり売却したりするのでなく、地域住民や公共のために使って欲しいという要請も付け加えた。三つのうち、とりわけ嘉陽小学校は、沖縄でももうほとんど見られなくなった美しい自然海岸に面して立地するという、その抜群のロケーションから、企業に狙われているという噂を少なからぬ住民が耳にしており、それに釘を刺す必要があったからだ。

嘉陽海岸はウミガメの産卵場所であるだけでなく、周辺海域に生息するジュゴンたちの貴重な餌場でもある。敏感な彼らは、特に近年、頻繁に行われる米海兵隊の上陸訓練や新基地建設に向けた防衛省の調査をめぐる攻防などを嫌って、辺野古から嘉陽に避難しているのではないかと思われるだけに、ここが万一、企業の手に渡ってホテルなどが建てられたりすれば、ただでさえ絶滅に瀕しているジュゴンにとって致命的な脅威となることは避けられない。

嘉陽小学校運動会。高学年児童による名物の獅子舞。

今回の陳情に関しても前回同様、民生・教育委員会は私たちを呼んで話を聞いてくれた。そして、保革を問わずほとんどの委員が陳情の趣旨はもっともだとうなずいていたので、採択されることを期待していたのだが、再び継続審議となった。私たちの後に委員会に呼ばれたという市教委の主張が強かったのだろうか？

新設校については、市教委の目論見通り用地取得ができそうになく、運動場や体育館が中学校との共同使用になる可能性が高いという事情もあり、無理矢理「合意」させられた子どもの保護者や地域住民からも不信の声が出ている。まだ充分使える学校施設を廃棄して新設校を造るという理不尽な計画に、ねばり強く再考を促していきたいと思う。

三原小学校運動会。全校児童によるエイサー

九月二八日、創立九八年の嘉陽小学校最後の運動会が行われた。私の息子の出身校なので、これまでもたびたび参加していたが、この日は特別の思いで出かけた。

在校生は一一人だが、親兄弟や親戚、卒業生、地域住民などが大勢駆けつけ、競技にも参加して最後の運動会を盛り上げた。島袋吉和名護市長や比嘉恵一名護市教育長も来ていたが、校長やPTA会長、児童会長の挨拶の中に「最後」「閉校」「淋しい」という言葉がしばしば聞かれ、参観している人々の眼に涙が浮かんでいるのを、どのように見、聞いたのだろうか。せめて一〇〇周年まで（統合を）待って欲しいという地域住民や卒業生の声も聞き届けられなかった。

一週間後の一〇月五日には、三原小学校と天仁屋小学校でも最後の運動会が行われた。三原小は幼稚園生五人を含め在校生三六人、天仁屋小学校は七人だ。天仁屋小はあまりにも少ないので、子どもたちの保護者から統合の要望が強いと聞いた。少ないとはいえそれなりに人数のいる三原小では、統合の希望は出ていない。そこで六月の陳情では、いきなり四校統合でなく、三原・天仁屋・嘉陽の三校を三原小に統合し、単独で五〇人以上の在校生のいる久志小との二校体制で行く方法もあると提案したのだが、入れられなかった。

この日、私は、現在住んでいる三原の小学校の運動会に参加した。六三回目で最後の運動会を飾るために特訓を続けたという全校エイサーをはじめ、子どもたちの競技もすばらしかったが、校門近くに展示された学校の歴史を語る写真の数々を懐かしそうに見入りながら、思い出を語り合う地域のお年寄り＝三原小の卒業生たちの姿が印象的だった。

「ここは戦前は田圃だったんだよ」と、私の隣にいた八〇代のKさんが教えてくれた。戦後すぐ、学校建設のために自分の土地を提供したのも、深い田圃を苦労して埋めたのも、山から材木や竹を切り出し、教室を建てたのも、みんな地域の人々だった。見事としか言いようのない立派な茅葺き校舎の写真を前にして、口々にそんな話をしてくれる彼らの顔には、自分たちが三原小を作り、育ててきたんだという自負と誇りが溢れていた。それがなくなるのはどんなに悔しく淋しいことだろうと、私は胸が詰まった。

秋の空はあくまでも高く、青く、学校を取り巻く山々の緑は美しかった。しかし来年はもう、ここに子どもたちの声が聞こえることはないのだ。

（一〇月七日）

「水」はおもしろい

私は「北限のジュゴン調査チーム・ザン」に参加している。チームでは、市民調査というものの意義と限界を常に論議し、模索してきた。

調査の中心は、ジュゴンの餌場である海草藻場における食《は》み跡調査だ。マンタ調査（船をゆっくり走らせながら、船の両脇に延ばした棒に掴まった二人の調査員がシュノーケリングで海底を見ていく）で食み跡を探したあと、潜水して食み跡の幅・長さ・深さ、周辺の海草の種類や被度を測定し、データを蓄積していく。専門家ではない、初心者も含む市民による年二～三回の調査がどれほどの意味を持つのかという疑問も持ちつつ、辺野古と嘉陽における調査を続けてきた（私自身は最近、海での調査は若い人たちに任せ、専ら陸上班を担当しているが）。

科学的データの蓄積はもちろん重要だが、それに勝るとも劣らない市民調査の意義・役割は、なんと言っても、ジュゴンがこの海に確かに生きていることを、まず自分たちが実感し、それを多くの人々に伝えていくこと。その意味で、食み跡や海草の観察会は調査と並ぶ大切な活動だ。敏感で、人間活動を避けるジュゴンに会うのは難しいが、食み跡はいつでも見ることができるし、それを見ることで、ジュゴンがここで餌を食べている、生きていると実感できる。ジュゴンとジュゴンの生きている環境を大切に思う人を、少しでも増やしていくことが、ジュゴンを守る（それはとりもなおさず、私たち自身を守ることでもあるのだけれど）ことにつながっていくと思う。

そうやって調査や観察を続けていると、食み跡だけでなく、ジュゴンや海草藻場を取り巻く海の環境がとても気になってきた。現在、食み跡がいちばん多く観測される嘉陽の海草藻場のすぐ近くには名護市の一般廃棄物最終処分場からの川が流れ込んでいるし、辺野古の海には米軍基地からの廃水が排出されている。大雨が降ると、嘉陽も辺野古・大浦湾も、陸地から流れ出す赤土で真っ赤に染まる。ジュゴンは土砂の付いた海草は食べないと専門家から聞いて、いっそう心配になった私たちは、海の水質調査にも関心を持つようになった。

今はまだ、できる範囲で、できる人がボツボツ始めている段階だが、大浦湾の水質調査を手がけている日本自然保護協会がそれを知って、現地調査のついでに六月六日、「市民モニタリングのススメ」と題する研修会を企画してくれた。講師は日本自然保護協会の調査のために来沖した名古屋女子大学教授の村上哲生さん。参加者はチーム・ザンのメンバーや、子どもたちの遊ぶ川の水質悪化を懸念する高江のお母さんたち。

村上さんは、これまで、全国各地で市民や漁民・川漁師らと一緒に行ってきた水質調査の実例を紹介し、また、実際にたくさんの器具や試薬をわざわざ運んできて、市民調査のおもしろさやノウハウを教えてくださった。

お話と実習を通じて、水が山・川・海をつないでいること、水（水質など）がそれらの状態を映し出していること（水を調べることによってそれらの健康状態を知ることができる）、何よりも水は私たち人間の命を支える基盤であり、水によって私たちは山・川・海と深く結ばれていること……、そんな当たり前のことを、私は、目から鱗が落ちるように思い知らされた。

それは決して抽象的な思いではなく、村上さんの話を聞きながら私の脳裏を去来していたのは、私の住んでいる集落（三原）の山や川、人々、簡易水道のこと、等々だった。

名護市内八つの集落に今でも簡易水道が残っており、わが三原もその一つだ。前述したように、近年、大腸菌が多く検出され、ここ数年、市の上水道に代えるよう毎年勧告を受けながら、区民の反対（主な理由は水道料が高くなること）によって今日まで維持されているが、住民の高齢化により早晩、管理が困難になることも予想され、存亡の境目に立たされている。

村上さんの話を聞いて私は、この危機を絶好のチャンスとして活かせないかと思った。自分たちの水源を持ち、自己管理していることの誇りを取り戻し、住民が「水」を通して地域の自然（山や川が健全でなければ水も安全でなくなる）や歴史（水と格闘してきた先達の苦労も含め）を見つめ直す。簡易水道の存続のために何が必要かを模索すると同時に、ひいては、それらの営みを通して、基地問題によってズタズタにされてきた人間関係をもう一度結び直すことはできないか……などと、私の夢はふくらむのだ。

（二〇〇九年六月一〇日）

やんばるの歴史と未来を考える

グスクとウタキを考える

二〇〇八年八月二三日、今帰仁《なきじん》村コミュニティセンターで行われた「グスク（城）と御嶽（ウタキ）を考える」シンポジウムを聞きに行った。主催したのは「今帰仁グスクを学ぶ会」。当日配布された資料によると、同会は今帰仁村教育委員会が主催する「今帰仁城跡案内ガイド養成講座」を受講した生徒たちを中心として二〇〇五年に結成され、ガイド活動のほか、地元の歴史をもっとよく知るための勉強会や清掃活動などを行っているという。

基調講演は波照間《はてるま》永吉・沖縄県立大学教授による「『おもろさうし』に見る古琉球の御嶽とグスク」、報告が仲原弘哲・今帰仁村歴史文化センター館長＝「ウタキ・グスクを見る視点」、前田一《いっ》舟《しゅう》・うるま市海の文化資料館学芸員＝「仲松弥秀《やしゅう》がみたグスクとウタキの性格」、宮城弘樹・今帰仁村教育委員会＝「考古学から見たグスク」の三題、その後にミニシンポという、そうそうたる顔ぶれによる密度の濃いシンポジウムだった。専門性もかなり高いこのようなシンポに、広いホールがほぼ満席になるほどの人々が集まるのは、やはり沖縄ならでは、北山城（今帰仁城の別名）のお膝元である今帰仁村ならでは、だろう。県民・村民の中に、琉球や地域の歴史に関心を持つ厚い層があることを物語っている。

関心があるとはいえ全くの素人で、シンポの中身を充分に咀嚼できているとは言い難い私が、それを短い紙面で報告するのは無理なので、素人なりの私の感想や、印象に残ったエピソードを、ごく断片的に書いてみたい。

グスクとウタキは琉球列島に特徴的な遺構で、沖縄(琉球列島)の精神文化を象徴するものだと言われる。グスク、ウタキとは何ぞや、という議論はかなり以前から続いていて諸説があり、私も少なからぬ関心を持っている。

グスクは石垣で囲われたその形状から、ヤマトゥの城と同じように捉える説もあったが、それに異を唱え、グスクは神の居所であり、祖霊神を祀《まつ》るウタキとグスクは、名称は異なるが実体は同じ、と説いたのは故・仲松弥秀氏だった。私はこの説に惹かれ、氏の著書もいくつか読んで感銘を受けた。権力を持たない無名の民衆に対する彼の温かいまなざしが好きで、今も私は仲松民俗学のファンだが、グスクは必ずしもウタキとイコールではないと、最近は思うようになっている。世界文化遺産に指定されたような立派なグスクを造るには、相当の権力が必要だったに違いないからだ。

『おもろさうし』は波照間氏が言うように、首里王府を讃え、王権を守るために作られたもの(その意味では、言葉やその響きがどれだけ美しくても、権力の嫌いな私には縁遠く感じられる)であり、氏によると、「グスクおもろ」の特徴は、①グスクを神・太陽が祝福・守護する ②神の降臨の対象・神の在所としてのグスク　③グスクと按司（あじ＝政治的支配者）が相応し繁栄する　④築城がテーマとなる　⑤戦闘が視野の中に入っている――という。グスクは権力の象徴であり、人間の権力は神の祝福によって保証されるというわけだ。

仲原氏（彼も私の敬愛する専門家だ）は、長年、やんばるの集落とウタキを見てきた経験から、「（琉球の民は）集落を形成するとウタキ（祭祀空間）を作る習性を持った民族（集団）だという印象を持っている。グスクは防御的施設であるが、その前にウタキとしての要素を備えており、ウタキにグスクを築いたと言えそうだ」、また「クニレベルのウタキとムラレベルのウタキに分けて見ていく必要がある」と述べた。

波照間氏によれば、『琉球国由来記』（一七一三年）にあげられたウタキの数は約一〇〇〇（宮古・八重山を除く）だが、これは首里王府が認めたものだけであり、実際にはそれ以外に約二〇〇〇ものウタキがあったという。宮古・八重山になるとその差はもっと大きい。祭政一致をめざした首里王府の権力が三分の一ほどしか行き渡っていなかったとも推測することができ、興味深い。

私が名護市史の民俗調査をやっていたとき、ムラの祭祀《さいし》を司るノロ（女性神職）にも、首里王府に任命されたノロと北山城に任命された今帰仁ノロの両方がいたという話や、首里王府の任命をめぐるノロ争いがあったという話を聞いたことがある。やんばるの人々は、首里王府の権力と今帰仁城の権力とのバランスを取りながら、あるいはまた、双方の権力からこぼれ落ちるところで、どんな暮らしや精神文化を築いていたのだろうか。案外、自由な精神文化を謳歌していたのかもしれない…。

私の関心は専らその辺にあるのだが、今回のシンポは、それにいい刺激を与えてくれたと思う。

（二〇〇八年八月二四日）

古宇利島のウンジャミ（海神祭）に思う

旧盆（旧暦七月一三〜一五日）明けの最初の亥の日、国頭《くにがみ》村比地《ひじ》、大宜味《おおぎみ》村塩屋、今帰仁村古宇利《こうり》など、やんばる（沖縄島北部）各地でウンジャミまたはウンガミと呼ばれる伝統的な神行事が行われる。漢字で書くと「海神祭」だが、その中身は、海の神だけでなく山の神も含めてその恵みに感謝し、豊漁・豊猟を含めた豊作と家族や集落の無病息災・繁栄を祈願する儀式・行事となっている。民俗学者の故・仲松弥秀氏によると、海神とは海そのものの神ではなく、幸をもたらす来訪神（海を渡ってやってくるニライ神）だという。

今年は、八月二七日がその日に当り、ウンジャミ行事見学のため私は今帰仁村古宇利（古宇利島）へ向かった。古宇利島は、本部半島の北東に浮かぶ直径約二キロの楕円形の島だ。昔からの呼び名であるクイジマ（フイジマとも言う）の表記＝「こほり」島が転じて「古宇《こう》利《り》」島になったと言われる。近年では、島に伝わる一組の男女の人類発祥伝承にちなんで「恋島」と当て字する向きもある。

沖縄本島と橋で結ばれた屋我地《やがじ》島から、三年前に開通した古宇利大橋を渡る。全長一九六〇メートルのこの橋は島の直径とほぼ同じ長さ。橋の両側に、太陽の光を受けてエメラルドやライトブルーに輝く海の美しさは格別だ。屋我地島と古宇利島の間のこの浅海には海草藻場が広がり、ジュゴンの食み跡も多数確認されている。島に向かって右に「沖縄の松島」と呼ばれる風光明媚な羽地内海、左には伊江島の姿が見える。

島のカミンチュ（神人）による儀式にはまだ間があったので、島内を少し回ってみた。私は橋の開通前に島を訪れたことがあるが、予想はしていたものの、その変貌ぶりには胸を突かれた。夏休み中ということもあり、「わ」ナンバー車がやたらと多い。大橋のたもとにあるビーチは、以前は何もなかったが、原色のビーチパラソルがびっしりと並び、芋の子を洗うように人で溢れていた。

車を走らせていると、畑や原野の中に突然、観光客向けのパーラーや食堂などが現れる。狭い島なのでイヤでも目につく。経営者は必ずしも島の人ではないようだ。橋の開通後、島に大型ホテルの進出計画があると聞いて心配したが、島の区民総会で反対決議をあげ、今のところ、表向きは止まっている。しかし、内部の切り崩しが進んでいるとか、水面下で用地買収の話が動いている等の噂も耳に入り、油断はできそうにない。大型ではないが、海沿いに島の聖地のたたずまいをぶちこわしにする新しい宿泊施設が建っているのに気がついた。

島の北端の美しい浜も、すぐ近くまで車が入っている模様で、ゴミが多い。かつては真っ白だった浜砂がうっすらと赤茶けているのも不安を誘った。

集落内の神アサギにカミンチュが集まってきた。神アサギは四方の柱だけで壁がなく、屋根の低い建物で、沖縄本島北部から奄美にかけて見られる。神が来訪する場所であり、神と人との交歓の場でもある。もともとは木の柱に茅葺きだったが、その後、セメント柱とセメント瓦になり、現在では赤瓦を載せたコンクリート製の立派なものに代わっているところも多い。古宇利島の神アサギもコンクリートに代わり、そこへの道も整備されて様変わりしていた。

カミンチュたちが白い着物を羽織り、頭には蔓《つる》草の冠を載せて準備を始める。儀式が始まる前から、カメラを手にした大勢の報道陣、調査・研究者や見物客が神アサギを取り囲み、無遠慮なシャッター音がひっきりなしに響く。私もそのうちの一人でありながら、内心忸怩《じくじ》たる思いを抑えることができなかった。島の祭祀は、カミンチュを通じて島人が神に感謝し、祈り、神と交流する場であって、見せ物ではない。島の構成員でない部外者が入るなど、以前は考えられないことだったろう。

神アサギの前で行われたウンジャミの儀式

伝統行事が今もきちんと息づいている地域は沖縄の中でも減少の一途を辿っている。祭祀の多さと伝承の確かさから「神の島」とも呼ばれる古宇利島は、その数少ない場所の一つであり、報道や調査・研究が集中するのはやむを得ないとも言えるが、約三五〇人の島民を蚊帳の外において、よそ者がのさばっているという思いが、私を落ち着かない気持ちにさせた。

カミンチュが高齢化して後継ぎがいないというのは各地で聞かれる悩みだが、古宇利島も例外ではないようだった。儀式は四人のカミンチュ（女性）が担っていたが、シラサと呼ばれる岩に渡って、兄弟神である塩屋へ神送りする場面には、足下の危うい岩場を歩ける二人だけが参加。「去年は四人でやっていたのにね」と、近くにいた研究者らしい人が言うのを聞いて、「やっぱり…」と思った。

儀式終了後、海の安全と豊漁を願って海神に捧げるウガン（御願）バーリーが古宇利漁港で行われ、古宇利小学校の生徒たちによるエイサーと空手の演舞も披露された。古宇利小学校は現在生徒数一三人の小さな学校だ。元気よく踊る子どもたちの姿が胸のモヤモヤを吹き飛ばしてくれたが、この子たちの未来が明るいものであるようにと祈らずにはいられなかった。

大橋の開通から三年余。それまで、離島であればこそ守られていた自然や伝統文化・暮らしのありようが急激に変容していくのは、善悪を超えて、もはや避けられない。豊かな自然が支える農・漁業を中心とした暮らし、それと密接に結びついた祭祀が今後どのように変わっていくのか、島人ならずとも気になる。

橋が運んでくるものにただ流されるのでなく、何を受け入れ、何を拒否するのか。何を変え、何を守るのか。選択するのはもちろん島の人たちだが、クイジマを大切に思う一人として、次の訪問ではそんなことを彼らとゆっくり話し合ってみたいと思いながら、島を後にした。

（九月二日）

やんばる風景づくりフォーラム

九月一一日午後、名護市民会館中ホールで行われた「やんばる風景づくりフォーラム」に出かけた。主催は、美しい沖縄の風景デザイン研究会および（社）沖縄建設弘済会、後援に、内閣府沖縄総合事務局、沖縄県、本部町、名護市、恩納村、沖縄県建築士会、沖縄県造園建設業協会、沖縄県測量建設コンサルタンツ協会等々が名前を連ねていたので、「美しさ」や「沖縄らしさ」が開発側の免罪符として使われる類の集会ではないかと、いささかの予断と偏見を持ちつつも、「やんばる学」でお馴染みの中村誠司さんや、沖縄県環境影響評価審査会の中で行政に媚びることなくきちんとものを言う委員として異彩を放っている（こんな表現は、ご本人にはたぶん不本意だろうけれど）備瀬ヒロ子さんなど、チラシで告知されたフォーラムの出演者たちの魅力に惹かれて参加した。

フォーラムの内容は、私の予断をうれしくも裏切るものだった。開催趣旨に、これまで地域行政や地元集落、ＮＰＯなどが行ってきた地域づくりの取り組みを踏まえ「やんばるの地域主体の風景づくりを考えてみよう」と書いてあるように、かなり本質的な問題提起と議論が展開された。平日の午後という時間帯の参加者には、業務命令で来たと思われる作業服姿の人たちや行政の職員も多かったが、彼らにとってもいい学習と刺激の場となったことだろう。

第一部で、「やんばるの原風景」について、その作られ方と特性をスライドで示しながら語った中村さん（名桜大学国際学群教授）は、「風景とは人が長い時間をかけて作ってきたもの。沖縄の場合は三〇〇～四〇〇〇年、とりわけ蔡温《さいおん》（注）の時代以降二五〇年間の農業を中心とするやんばる型土地利用が作ってきた風景だと言える。それを基盤にして祖先たちが暮らし、守ってきた風景を自己発見・自己評価することが必要だ」と述べ、「蔡温はまた、山を治め、水を治めるために山の管理制度を設けたが、その後、沖縄の山は四回にわたって開墾（開発）された。第一は明治二〇年代の開墾、第二は沖縄戦の前後、第三は一九六〇年代前後のパイン栽培のためのブルドーザー開墾。これによって大量の赤土が海へ流出した。そして、四回目の開発が現在、進んでいるが、地域の特徴を理解して手を加えることが必要だ」と指摘した。

その後、中村さんと対談した備瀬さん（都市科学政策研究所代表取締役。主催者研究会の会員でもある）は、「近年の開発の規模とスピードはすさまじすぎる。地域の将来のための開発であるべきだし、そこに暮らしている人が主人公でなければならない。歴史的に蓄積されてきた智恵の財産を景観の保護に使っていきたい。守るべきルールは地域ごとに違っていい」と述べ、中村さんは、古宇利島の子どもたちの環境評価学習が開発の歯止めになっている例をあげ、「ほんの数枚の子どもたちの作文集が開発を止めた」と語った。

近年の観光のあり方について備瀬さんは、「客に媚びすぎる。また、タコが自分の足を食うように自分の財産を食いつぶすようなやり方をしているところが多すぎる。観光が悪いとは言わないが、そうならないで欲しいと思う」と厳しく注文。「地域の持っている環境の本質を学習することが必要。農地のあり方を含め、未来に向けた技術的なバランスを取り戻す試みが始まっている。景観法も沖縄の力にするよう前向きに取り組んでいきたい」と期待も込めた。

第二部では三つの事例報告が行われた。本部町建設課の知念毅さんが、山と海を観光資源とする本部町のまちづくりについて、名護市津嘉山《つかざん》酒屋保存の会の宮城調福会長が、戦前の木造建物（築八〇年）で現在も操業している県内唯一の酒造所である津嘉山酒屋を保存する取り組みについて、恩納村エコツーリズム研究会の仲西美佐子代表が、地域の人が地域の自然を活用するエコツーリズムを通して環境保全が経済的にも有益であることを実証しようと活動してきた経過を報告し、「風景は生活の跡形、暮らし方の結果だと思う。それが美しいかどうかは暮らし方を反映する。自然を最大限活かしてきた祖先の経験を大切にし、自然の仕組みや役割を思い起こしていきたい」と語った。

一部、二部を受けての全体フォーラムは、主催者の研究会会員らの公開討論に会場全体が加わる形で行われた。屋我地島に住む沖縄国立高等専門学校二年生のSさんが「自分はおそらくこの会場で最年少ではないかと思う」と前置きし、屋我地島で行われている港湾開発に触れて「行政が住民の意見を聞かず、思い込みと短期的視点で強行しているのがいちばんの問題だと思う」ときっぱり述べたのが印象的だった。若者の率直な発言は大きな拍手を浴びた。

「開発・経済と保全は対立するのか」という古くて新しい難題に答はなかなか出ないが、地域の持っている資源を自己発見・自己評価すること、コモンズと言われる公共性を含め開発の際のルールづくりが必要だという共通認識のもと、会員の一人が言っていた「五〇年後、一〇〇年後の沖縄をどう描くか」という課題に多くの示唆を与えるフォーラムだったと思う。

建設・建築業関連の当事者たち自身がこのような問題意識を持って動いていることを知り、沖縄・やんばるの未来に希望を感じることができた。

（九月一二日）

（注）蔡温（さいおん）＝一六八二～一七六一。近世沖縄を代表する政治家・思想家と言われる。若い頃、中国に留学して儒教や地理学を学び、のちに琉球王府の三司官となり、農政、治水・灌漑事業、造林・山林保護などに辣腕をふるった。

薩摩の琉球支配四〇〇年を問う会が発足

今年（二〇〇九年）は、一六〇九年の薩摩による琉球侵略から四〇〇年、また一八七九年の明治政府による琉球処分（廃藩置県）から一三〇年目に当る。薩摩に征服される以前の琉球は首里王府が統治する独立国だった。薩摩の支配下にあっても一八七九年までは、中国をはじめ外国との交易を独自に行ってきた。

この節目の年に日本と沖縄との関係を問い直し、琉球の自己決定権を確立していこうと、市民有志が昨年末から話し合いを重ねてきた「薩摩の琉球支配から四〇〇年・日本国の琉球処分一三〇年を問う会」の結成集会が一月三〇日、那覇市の教育福祉会館で開催された。

基地問題、沖縄戦をめぐる教科書問題、沖縄戦時の不発弾の相次ぐ爆発、それらに対する日本政府の対応、道州制問題など、沖縄の自立・自決への関心の高さを反映し、会場は補助椅子を出してもなお足りず、立ち見も出る盛況。

私は、この会の呼びかけ人に入って欲しいと誘われたとき、いささかの迷いがあった。琉球（奄美・沖縄）を侵略し、人々を苦しめた薩摩の末裔（鹿児島県出身）である私が、安易に呼びかけ人になっていいのだろうかと逡巡した。鹿児島の負の歴史、自分たちの先祖がやったことをまったく教えられないまま育ち、大人になってからそのほんの断片を知っただけだ。しかし、だからこそ、今からでもきちんと向き合っていこうと思い直し、呼びかけ人に入れてもらった。

私が現在、購読している『琉球新報』紙では今年初めから、奄美群島で発行されている『南海日々新聞』との共同企画で「薩摩侵攻四〇〇年」を検証する連載（毎週金曜日）が続けられているが、この「侵攻」という言葉に対して、ことの本質を隠蔽するものであり、「侵略」と言うべきだという議論も出されている。

結成集会の基調報告を行った彫刻家の金城実氏（浜比嘉島出身、七一歳）は、自身の子ども時代を振り返りながら「沖縄に生まれたことに誇りを持てなかった。その誇りをいかに取り戻すかが課題だった」「一九四五年、捕虜収容所で『独立』という言葉が語られ始めたが、日本復帰運動に呑み込まれていった。琉球独立がすぐに実現するわけではないが、未来への遺産として考えていこう」

と呼びかけた。

奄美からの報告を行った沖永良部島知名町職員の前利潔氏は、歴史に翻弄されてきた奄美諸島の人々の複雑な帰属意識を「無国籍地帯」と表現し、奄美諸島を含む道州制論議に問題提起した。

会の規約の中の「多数決で決める」というくだりに疑義が出され、それをめぐる議論が沸騰したことは非常に興味深かった。私自身は、若い頃、「多数決主義をとらない」という理念に惹かれて女性解放運動のあるグループに関わった経験があるので、「多数決によって切り捨てられてきた琉球の自立をめざす運動体が、多数決という手段をとるべきでない」という意見に賛成であり、それをはっきりと打ち出せれば画期的だと思うが、「少数意見も含め議論を尽くした上で最終的には多数決しかない。そうしないと何も決まらない」というのも、現実問題としては理解できる。

これについては今後も継続して議論していこうということで、この日の議論は打ち切り、一五人の共同代表が選出された。会では今後、奄美から与那国までの琉球弧住民と連携してシンポジウムや討論会、出版・広報、慰霊祭、国連等への要請行動などを行う予定だ。

（二〇〇九年二月四日）

「アグー」と「あぐー」はどう違う？

六月二一日、名護市で「アグーを考える会in津嘉山《つかざん》酒屋」が行われた。琉球在来豚・アグーの名称の使われ方に混乱が生じていることに疑問を持ったアグー純粋種生産農家らが、生産者、業者、消費者などさまざまな立場の人たちが一同に会して話し合ってみようと呼びかけたものだ。

津嘉山酒屋で行われた「アグーを考える会」

津嘉山酒屋は沖縄に唯一残る戦前からの泡盛工場（討論会の前に工場見学もさせていただいた）。旧名護市街地に近い住宅地の一隅に、ひっそりとしたたたずまいを見せる昔ながらの赤瓦屋がそれであるとは、教えてもらわなければわからなかった。

同酒屋の代表銘柄である「国華《こっか》」（名護を含む沖縄島北部の地域名称である「国頭」の華、という意味。「国家」の華、ではないので、誤解なきよう！）の泡盛粕を食べて育った純粋種アグーの焼肉（おいしかった！）に舌鼓を打ちながら、築八〇年余の木造家屋と庭園を会場に行われた討論会は、きわめて興味深いものだった。

那覇の国際通りや恩納村など観光客の集まる場所を通ると、至る所に「アグー」「あぐー」の看板や幟が出ていることが、私は以前から不思議でならなかった。アグーは、かつては沖縄のどこの家庭でも飼われていた黒豚だ。粗食で育ち、暑さや病気に強いけれど体が小さく産仔数が少ないため、西洋種と掛け合わせた雑種豚に押されて絶滅寸前に追い込まれた。三〇年ほど前から、その復活・保存が取り組まれ、生産農家も少しずつ増えているとは聞いているが、大量に出回っているとは信じがたいからだ。

その謎を解く鍵を与えてくれたのは、ＪＡおきなわが昨年末、地元二紙に掲載した広告だった。それによると、沖縄ブランド豚肉「（ひらがなの）あぐー」は琉球在来豚・アグーの血を五〇％以上有する交配種で、ＪＡおきなわが一九九六年に商標権を取得したとのこと。

これで、出回っているのは交配種だということがわかったが、ＪＡおきなわと商標使用許諾契約を締結した事業者にのみ使用を認め、それ以外が「あぐー」「アグー」「ＡＧＵ」を使用することは商標権に違反する、というくだりには首を傾げざるをえなかった。交配種の白い豚を「あぐー」と称する一方で、純粋種生産農家が「アグー」の名称を使えないというのはどう考えてもおかしい。疑問や異論、論争が起こるのは当然だ。

討論会の中で、ある生産者が「観光客や消費者を騙すようなやり方は信頼を損ね、アグーの評価が落ちるおそれがある。ブランド豚（あぐー）の生産者を増やし生産性・経済性を追及することも、純粋種（アグー）の生産者を支援していくことも共に必要だ」と述べたのに共感を覚えた。

純粋種生産者は交配種を否定しているのでなく、公正な判断のもとに純粋種・交配種が存在する状況を望んでいる。それはまた、正しい情報をもとに何を選ぶかを決めたいと望む、私たち消費者の思いでもある。生産農家だけに任せておくのでなく、消費者がもっと声をあげていく必要があると痛感した。

（六月二五日）

戦争の傷跡は今も

二〇〇八年七月一日、市立名護博物館の学芸員・山本英康さんが案内する「名護市の戦跡めぐり」に参加した。

沖縄島中南部の激戦地に比べ、名護市を含む北部のことはあまり知られていないが、北部でも、本部半島の八重岳・真部山《まぶやま》一帯の激戦をはじめ空襲、艦砲射撃などによる戦災はかなりあったし、伊江島における「集団自決」や、日本軍の敗残兵による住民虐殺などの例も少なくない。とりわけ北部の特徴的な状況は、中南部の激戦を逃れた人々の「疎開地」となったため人口が増え、上陸してきた米軍は、日本軍の掃討とともに、山間に隠れていた人々を含む民間人を集めて北部各地に収容所を設置したことだ。

名護市の戦跡めぐり

それらの事情についてはは解明されていないことも多く、名護市では現在、資料収集や聞き取りなど、遅まきながら調査・編纂《へんさん》作業を進めている。名護市史編纂に一〇年前から関わっている私も、現在手がけている「出稼ぎ・移民」編が終わり次第、その作業の片隅に加えてもらうことになっている。

＊

そんな関わりから参加したフィールドワークはまず、名護市羽地《はねじ》地区（一九七〇年に名護市が発足するまでは羽地村）にある武田薬草園跡から始まった。

「沖縄大百科事典」によると、武田薬草園は昭和四（一九二九）年から戦後まで（株）武田薬品がコカを栽培した場所。コカは南アメリカ原産で、現在は麻薬として栽培や持ち込みが禁止されているが、局所麻酔剤・塩酸コカインの原料であり、当時は貴重な軍事物資だった。薬草園を作るための開墾に羽地の住民が駆り出され、常時八〇人が働き、当時としては破格の給料が支払われた。最盛期には五〇町歩の面積に一八万本のコカが栽培され、乾燥させて粉末にしたものを本部の渡久地港から大阪本社へ輸送した。戦況が厳しくなると、葉の採集に、名護にあった第三中学校、第三高等女学校の生徒たちも勤労動員され、作業中に気分が悪くなる人も出たという。

フィールドワーク用のマイクロバスを降りたそこは、何の変哲もない田園地帯だった。山本さんによれば、かつてそこは湿地だったが、風が当らないため、風に弱いコカ（一五m以上の風が吹くと弱ってしまうという）の適地として武田薬品が目を付け、土地の所有者から安く買ったらしい。そんな歴史があったことなど、知らなければ想像もつかないが、資料として配られた米軍空撮による羽地の写真（コピー）には、整然と区画された広大な薬草園の姿がくっきりと写っていた。この写真は、十・十空襲と呼ばれる一九四四年一〇月一〇日の沖縄大空襲（那覇の街はほとんど灰燼に帰し、北部でもかなりの被害があった）に先立って米軍が撮ったもの（撮影月日は同年九月二九日）で、米軍は事前に沖縄の隅々まで調べ上げて作戦を考えていたことがわかる。

一九四五年四月一日、沖縄島西海岸中部に上陸した米軍は、六日には名護町へ、八日には羽地へ侵攻した。一二日から八重岳・真部山への本格的な攻撃を開始。形勢不利な日本軍は、一七日に八重岳を放棄して多野岳（羽地の山。島の東西の中央に位置する）へ撤退しようとしたが、その途中の武田薬草園付近（一面のコカ畑で、隠れる場所がない）で米軍の待ち伏せに遭い、多くの戦死傷者を出した（一連の戦闘における死傷者の中には、「鉄血勤皇隊」として参加した多数の第三中学校生徒が含まれている）。

＊

薬草園跡から、次は、同じ羽地の田井等《たいら》収容所跡へ。かつて「羽地ターブックヮ（田圃）」と呼ばれる穀倉地帯だった面影が今も微かに残る羽地大川沿いにバスは一時停止したが、田畑の広がるこの一帯が、最多期には七万二〇〇〇人を数えた収容所跡だと言われてもピンと来ない。

北部の主な民間人（難民）収容所は辺土名《へんとな》、喜如嘉《きじょか》、田井等、瀬嵩《せだけ》、大浦崎、久志《くし》、宜野座《ぎのざ》などに置かれ、金武《きん》町（当時は金武村）の屋嘉《やか》収容所は軍人の捕虜収容所だった。なかでも田井等収容所は、最も早く、四月中旬には既に米軍が責任者を任命し、戦後のあゆみを始めていた。収容所といっても、焼け残った民家や、山から切り出した木で作った応急の掘っ建て小屋、テント小屋などに何世帯もが共同で寝起きし、米軍から必要最小限の食糧と衣服を与えられるという生活だ。働ける男性は馬耕班や漁業班などの作業をさせられた。戦中の避難生活から続く栄養失調やマラリアなどで、収容所でも多くの人が次々と死んでいった。

瀬嵩収容所（約三万人）、大浦崎収容所（現在の米軍キャンプ・シュワブ区域内。今帰仁・本部・伊江島の住民約四万人が強制収容された）は六月中旬～下旬に設置され、各収容所から元住地への帰郷が許可されたのは一〇月末～一一月初めだったという。

＊

羽地平野を眼下に、バスは多野《たの》岳頂上をめざして登っていく。多野岳は日本軍第一護郷隊（約六〇〇人）の本部が置かれていた場所だ。護郷隊とは通称で、またの名を第三遊撃隊と言い、実は大本営直結のゲリラ戦部隊だった。陸軍中野学校出身の将校・村上治夫大尉を隊長とし、地元の地理に詳しい青少年を使ってスパイ活動も行ったという。

戦後、米軍の通信基地が置かれ、返還後は沖縄県の保養施設が建ち、現在は民間ホテルとなっている多野岳頂上からは、西に本部半島と周辺離島、エメラルドの浅海に緑の島々が点在する風光明媚な羽地内海（特別鳥獣保護区に指定されている）、名護市街地などが一望でき、ちょっと場所を変えれば東海岸も見渡せる。ここに立って日本軍の隊長はどんな作戦を練ったのだろうか…。軍事的に重要な場所であっただろうことは容易に想像できる。

「遊撃隊は正規軍が壊滅したのちも現地に残留して諜報・破壊活動を継続し、大本営に情報を送ることになっていた」（名護市『５０００年の記憶』二〇〇〇年発行より）という。その主体が年端もいかぬ青少年だったことを思うと胸が痛んだ。

＊

北部の戦争のもう一つの特徴は、日本軍（敗残兵）と一般住民が混在して山中を逃げまどい、追いつめられた両者が食糧や居場所の奪い合いを繰り返したことだと言われる。言うまでもなく武器を持たない住民は圧倒的に不利で、日本兵による強奪や虐殺（北部地区で現在までにわかっているのは一六ヵ所、五七人）が相次いだ。東海岸と西海岸を結ぶ山間の通過地点であるオーシッタイ（大湿帯）には地元住民、中南部から疎開してきた人々、敗残兵などがひしめいていたという。

そのオーシッタイに、沖縄戦の最中、「御真影《ごしんえい》奉護壕《ほうごごう》」が造られ、現在も壕が保存されているという話は聞いていた。機会があればぜひ行ってみたいと思っていたので、この日のコースにそれが入っていたのはラッキーだった。

オーシッタイの「御真影奉護壕」。現在はオキナワコキクガシラコウモリの生息地になっている。

緑のトンネルのような林道を走っていると、連日の猛暑に疲れた心身が甦ってくるようだ。こんなに心地よい緑と、天皇・皇后の「御真影」などという、おどろおどろしくもバカげたものとはどう考えてもそぐわないが、林道から脇道に入り、名護市の文化課職員たちが鎌を手に刈り払ってくれる細い山道を辿っていくと、確かに壕はあった。

片方は谷間になっている山の中腹に掘られた壕の入口には鉄パイプを組んだ扉があり、それを開けると狭い坑道が奥へ続いている。高さは立って歩けるほどだ（資料によれば高さ一八〇cm、幅一一〇cm）。懐中電灯を照らしながら縦列で少しずつ進む。何かが頭上をさっとかすめた。壕は現在、天然記念物・オキナワコキクガシラコウモリの生息地になっているのだ。

彼らにぶつからないよう腰を落として歩いていくと、横穴が掘られている場所に出た。そこから無数のコウモリが飛び出してきて、私たちを威嚇する。懐中電灯の灯りで見るコウモリは想像していたよりもっと小さくて、大きめのチョウチョほどだが、ものすごい数に圧倒される。コの字型に掘られた坑道（全長約四〇m）の最奥中央部に掘られた「御真影」の「奉安室」（幅一七〇cm、奥行き二四〇cm）が、今は彼らの住処になっていることが小気味よく思えた。

コの字のもう片方は途中で崩れていて、行き止まりになっていた。引き返す時は行きより気分が落ち着いているので、この壕がかなりしっかりした作りであることがわかる。資料によると、岩盤（千枚岩）をツルハシでくり抜き、坑道の壁面には、左右合わせて五〇個弱の坑木をはめ込んだ跡が約六〇cm間隔で残っている。

沖縄戦の緊迫化に伴って沖縄島および周辺離島の各学校にあった「御真影」がオーシッタイの沖縄県有林事務所に集められた（当時は「奉遷」と言った）が、堅固な「奉安」施設がないので、女子師範学校の「大奉安庫」を稲嶺国民学校に移してそこに納めた。しかし、ここにも米軍の攻撃が迫ってきたため再び県有林事務所に移した。その際に造られたのがこの「奉護壕」だという。

山本さんの話では、壁にも天井にも無数のツルハシの跡が残るこの壕を、誰が掘ったのかは不明だという。「あるいは第三中学校の生徒が駆り出されたのかもしれない」と彼が推察するのは、全部で二〇kgにもなる「御真影」をここに運んできたのが三中生だからだ。

毎早朝に「御真影」を「奉護壕」に移し、日没後に事務所の「奉安室」に運ぶという、バカバカしくもたいへんな仕事は沖縄戦の終結とともに終わった。米軍侵攻の情報を受けて四月初めに天皇・皇后以外の「御真影」が焼却され、六月三〇日には天皇・皇后の「御真影」もすべて焼却された。

人間の愚かしさの象徴のようなこの壕が、コウモリたちによって生命の再生産の場として活かされていることを、うれしく思う。誰かはわからないけれど、この壕を掘った人たちもきっと喜んでくれているだろう。山中に人知れずひっそりと息づいている壕が、なんだかとてもいとおしく思えた。

（二〇〇八年七月八日）

香港・華南を訪ねて

①「ブラック・クリスマス」の香港で

二〇〇八年一二月二三〜二八日、中国研究者の蒲豊《かば》彦氏（京都橘大学教授）、フリージャーナリストの和仁廉夫《わにゆきお》氏らに同行して、香港および華南を訪れる機会を得た。

沖縄から直行便で香港へ飛んだのは、クリスマス直前の一二月二三日。二五日は香港人にとって、六七年前の「ブラック・クリスマス（黒色聖誕）」を思い出させる日だ。

一九四一年一二月二五日、日本軍はイギリス領だった香港を陥落、太平洋戦争最初の日本軍占領地として三年八ヶ月にわたる軍政下に置いた。

一九三七年七月七日の盧溝橋事件を発端にして始まった日中戦争は、中国側の根強い抵抗で長期化した。日本軍が香港を占領したのは、中国の当時の国民党政府（蒋介石政権）にアメリカ・イギリス・ソ連などが援助していた軍需品その他の物資の輸送路＝援蒋ルートの一つである香港ルートを絶ち、また、イギリスの海洋貿易の拠点であった香港に蓄えられていた豊富な物資を手中にするためであった。

香港占領後、日本軍がとった主な政策が「人口疎散政策」と香港ドルの軍票への切り替えだった。前者は、香港の人口が多すぎるとして「適正規模」（六〇万人）に減らすことを目的に強制的な帰郷奨励運動を行い、香港憲兵隊にノルマを課したため、憲兵隊は道を歩いている人をごぼう抜きしてトラックに載せ、船で無人島に置き去りにするなどの暴挙を繰り返したという。

後者は、住民の持っている香港ドルを集め、近くのポルトガル領マカオで軍需物資を買い付けるためだった。軍票は占領地で軍が発行した疑似貨幣で、他の占領地では一時的使用にとどまったのに対し、香港では敗戦まで法定通貨として使われた。

軍票の裏には「この軍票は日本円と兌換《だかん》する」と書かれていたにもかかわらず、日本敗戦時に香港市民の手元に残っていた推定一二億円にのぼる軍票は、連合国軍司令部および日本政府からも無効とされ、ただの紙切れになってしまった。

これに対して戦後、連合国香港協会や香港公民協会などが合理的な兌換を求める運動を行ってきたが、その運動を継承する香港索償《さくしょう》協会（現在の会員は約四〇〇〇世帯）主席の呉溢興氏ら香港市民の代表一七人が原告となり、一九九三年、日本政府に対して軍票の補償と慰謝料など合計七億六千万円余を要求する裁判を東京地裁に提訴した（香港軍票訴訟）。

九九年、東京地裁は原告の被害事実を認めたものの、日本政府に支払いを命じる法的根拠がないとし、高裁、最高裁もこれを踏襲したため、被害者への補償・救済は行われないまま今日に至っている。

香港索償協会はその後も日本政府の責任と補償を求める運動を続け、年四回（盧溝橋事件の七月七日、柳条湖事件の九月一八日、南京大虐殺の一二月一三日、香港陥落の一二月二五日）は日本総領事館へのデモを行っているという。

二四日（二五日は領事館が休みのため）に行われた索償協会主催の集会とデモに私たちも同行した。主席の呉さんをはじめメンバーの高齢化が胸を突くが、香港のマスコミが大勢取材に来て、若い記者らが熱心に話を聞いているのが心強い。女性記者が多いのが印象的だった。

年末の買い物客でごった返す街をシュプレヒコールを挙げながら歩く。中国語はまったくわからない私だが、渡されたビラから、軍票のことだけでなく「日本の香港侵略記念日を忘れるな」「日本軍国主義の復活を警戒する」などと言っているのがわかった。

日本の戦争責任と補償を求めてデモ行進する香港索償協会の人々（2008年12月24日）

麻生首相宛の要請書を渡すために、デモ隊の代表者らは高層ビルをエレベーターで昇り、通訳を伴った呉さんが日本領事館に来意を告げた。対応したワタナベと名乗る若い領事の態度は不遜そのもので、訪問団を扉の前に立たせたまま、いかにもめんどうくさそうな表情を隠さない。

呉さんが自分の名刺を渡し、相手にも要請したが「名刺は持っていない」と突っぱね、「待っていますから、取ってきてくれませんか」と丁寧に頼んでも「ない」と言い張るので、通訳の女性が怒ってしまう一幕もあった。
あまりにも失礼な態度に、同じ日本人である私は穴があったら入りたい気分だった。

参考資料：和仁廉夫「香港戦後補償問題を考える　軍票訴訟きょう判決」（『週刊香港』一九九九年六月一七日号）、同「知っておきたい日港関係」（同二〇〇四年九月九日号）

②日本軍による華南・三竈島民虐殺と沖縄移民

索償協会の方々から美味しい飲茶（ヤムチャ。昼食）に呼ばれたあと、同日午後には、香港からフェリーで七〇分の対岸にある広東省珠海市に渡った。イギリスから中国に返還されたものの特別行政区である香港―中国間の越境にはパスポートか身分証明書が必要だ。放っておくと中国から豊かな香港への流入が過大になるおそれがあるため、出入りに制限が設けられているという。

珠海へ渡った目的は、かつての三竈島《さんそうとう》（「竈（かまど）」は中国文字では「灶」。大きさは伊豆大島ほど）、現在は大陸との間が埋め立てられて陸続きとなった珠海市三竈鎮（「鎮」は地域区分の単位）を訪ねることだった。この島でかつて、日本海軍による大規模な住民虐殺が行われ、耕す人のいなくなった農地に沖縄移民を導入して軍のための食糧生産に従事させたことは、ほとんど知られていない。

私は、二一～三年前、名護市史編纂《へんさん》の仕事で沖縄からの三竈島移民の聞き取りを行ったことを機に蒲教授と知り合った。今回の三竈島訪問の報告は『週刊金曜日』で行う予定（同誌七四九号＝二〇〇九年五月一日・八日合併号に掲載された）だが、訪問を終えて二七日に戻った香港で蒲教授が行った講演（主催＝紀念抗日受難同胞連合会）の内容を中心に、三竈島で日本軍がやったこと、農業移民の役割、それに対する香港市民の反応などについて報告したい。

日本海軍航空基地建設とその役割

「戦時の三竈島については三つの特徴が指摘できる」と蒲氏は語った。

まず第一は、日本海軍が同島を占領し、軍用飛行場を造ったこと。それまで日本軍は華南においては陸上航空基地を持っていなかったので、これは戦略上、大きな意味を持っていた。

第二に、日本ではほとんど知られていない島民虐殺が行われたこと。第三に、そのあと、日本政府が沖縄から約九〇家族四〇〇〇人の農業移民を送り込んだこと。

三竈鎮茅田村にある万人墳（三竈島死難同胞記念碑）

日中戦争において日本軍は華北・華中でそれぞれの街を直接占領したが、華南は中国側の抗戦力の生命線となっていた。それを断ち切るために一九三七年八月、日本軍は東南海沿岸を封鎖し、広東方面へ空襲をかけたが、華南に航空基地がないため台北から出撃せざるをえなかった。そこで、三竈島に陸上航空基地を造ることを決意、一九三八年二月に島の東側の蓮塘湾から上陸して一三の村を破壊し、飛行場建設を進めた。同年六月には主滑走路（一二〇〇m×六〇m）と副滑走路（八〇〇m×四〇m）、一〇の格納庫、病院その他の施設を持つ飛行場が完成していた。

中国側の資料によると、その間、日本軍は全島二六の村に火をつけ、魚弄村で五八六人の全住民、茅田村で八〇〇〇人余を殺害したという。これが三竈島事件と呼ばれるもので、現在、魚弄村には千人墳、茅田村には万人墳（三竈島三・一三死難同胞記念碑）が建てられている。

日本側の資料には、同年六月、「上表村（飛行場近くの村）から二〇人の（現地）女性が逃げだそうとしたので、そのうち一〇人を捕まえて『処分』した」「中国ゲリラが日本軍を襲撃して武器を奪った」などの記述があるという。

三竈島の飛行場が完成すると、すぐに航空部隊が配備され、六月四日の広九鉄道や広東市への爆撃を皮切りに次々と出撃し、三九年一月には海南島を攻略した。

軍の食糧生産のための農業移民

沖縄からの農業移民が初めて同島に渡ったのは三九年一〇月である。同島への移民がすべて沖縄から導入されたのは、暑い気候に慣れているからだろうと、蒲氏は言う。彼は、同年七月一七日付の『沖縄日報』の記事を映像で示しながら「〇〇島へ五十家族」という見出しの「〇〇」は三竈を指すと説明した。軍事機密上、島の名称は伏せ字にされていたのだ。

移民は一次と二次にわたって行われた。一次移民の戸主五〇人に半年遅れて、その家族が到着。彼らは島の北部の三つの村に分かれて住んだ。

移民の目的は日本軍航空基地への食糧供給だった。普通、占領地において日本軍は住民からの徴発で食糧を賄っていたので移民は必要なかったが、三竈島では住民の多くを殺害してしまったため移民が必要になったのではないかと、蒲氏は推測している。

二次移民四五人が四一年四月、四三年にその家族が到着し、さらに三つの村を形成。総勢約四〇〇人が日本敗戦の四五年八月まで、稲作を中心とする農業に従事した。

当時、生き残った島民（中国人）たちは島の西南部（飛行場の近く）の六つの村に居住していたことがわかっている。日本人（沖縄移民）と中国人の村の配置から考えられることは、中国人を日本軍の管理しやすいところに集め、かつ、抗日ゲリラと地元住民との間に沖縄移民を配置することによって、ゲリラと住民との関係を絶とうとしたのではないかと、蒲氏は語った。

日本敗戦ののち、移民たちは全員、広東を経て珠江の中洲である長洲島で収容所生活を送り、四六年三月に帰国した（沖縄における私の聞き取りでは、収容所の中で栄養失調や病気で亡くなった人も多く、特に体力のない子どもたちが犠牲になった）。

日本人犠牲者の慰霊碑も

蒲氏の講演のあと和仁廉夫氏が、現地で撮影してきた写真を上映しながら報告した。現在は珠海空港として使われている日本軍飛行場跡（規模は現在のほうがはるかに大きい）、千人墳、万人墳、一大工業地帯となっている現在の三竈島の様子、上表村に今も残る日本軍の慰安所跡……。

万人墳では〇五年、抗日戦争勝利六〇周年の記念イベントが行われ、その直後に同地を訪れた和仁氏は、香港の三竈島同郷会が献花した花輪を目撃したという。「この人たちを探し出せば話を聞けるのではないか」と、彼は参加した香港市民に問いかけた。

飛行場建設に従事中、事故に遭ったという日本人犠牲者の名前と「慰霊」の文字を刻んだ巨石が

「三竈日本文字摩崖」と名付けられて、珠海市の文化財に指定されている。「秘密に造られた基地の犠牲者なので家族にも知らされていないのではないか？　人名は風化して読みづらくなっているが、遺族を探し出すことは今後の課題だ」と彼は提起した。

歴史をどう伝えていくか

講演会には、核兵器の廃絶を訴えている広島・長崎からの香港・マカオ訪問団も合流していたので、その後、香港人、日本人を含めた意見交換となった。

主催者の簡兆平会長が連合会の活動について報告し「日本侵略の歴史について次世代に伝える使命がある。香港の若者は歴史をあまり知らないので、強制連行、慰安婦、軍票など個別のテーマについて学校で講演したり、講演の感想文コンテスト、パンフレットの作成などを行っている。これは中国大陸ではやっていない活動だ」などと話した。

香港のある議員は、「香港からも二万人が海南島に強制連行されて米軍の爆撃で殺されたり、山に逃げて餓死したりした。体験者は話したくないと言う人が多いが、伝えていかなければならない」と語った。

私は、沖縄で三竈島移民たちの聞き取りをした経験から、「沖縄移民たちは、三竈島はいいところだった、中国人は友好的だったと口を揃えるが、現地住民からはどう見えていたのかを知らないと一面的になる。沖縄は被害の面を強調されることが多いが、加害の側面からも考えていかなければならないと、今回、現地訪問して改めて感じた」と言った。

参加していた日本人はみんな、三竈島のことは初めて聞いたと驚いていたが、実は香港でも中国でもほとんど知られていない。まだ明らかにされていないことも多いが、それぞれの場所で今後どう伝えていくか。それは参加した全員の共通の課題だということを確認し合った。

（二〇〇九年一月五日）

高校生とともに沖縄戦跡を歩く

六月一三日、名護市教育委員会文化課市史編纂係の主催で「高校生とともに考えるやんばるの沖縄戦戦跡めぐり」が行われた。この催しは毎年、「沖縄慰霊の日（六月二三日）」の前後に開催されており、今年で一五回目を迎える。米軍基地を積極的に受け入れる市長を戴く名護市が行う「唯一の平和イベント」だと、ある職員が言っていた。

イベントの対象は高校生だが、私を含む市史編纂係の「戦争編」調査員にも参加が許されているので、昨年の伊江島戦跡めぐりに続いて、今年も参加させてもらった。名護高校、北山高校、北部農林高校、国立沖縄高等専門学校など、やんばる一円の高校生たちからの申し込みは予想以上に多かったとのことで、名護市が用意したマイクロバス二台に乗りきれない私たちは、何台かのワゴン車に分乗して後に続いた。市史編纂係の「戦争編」を担当している嘱託職員二人がマイクロバスに乗り込んでガイドを務めた。

今回の戦跡めぐりは名護市内。まず最初に、名護小学校構内にある「少年護郷隊の碑」を訪ねた。沖縄戦の特徴の一つは、「一木一草に至るまでの根こそぎ動員」だと言われる。徴兵令に基づく兵役から漏れた一七歳～四五歳までの男子を防衛隊として現地召集（実際には一七歳未満や四五歳以上、また病人や障害者まで駆り出した例もあるという）したばかりでなく、鉄血勤皇隊（男子中学校生徒）・女子看護隊（女学校生徒）などの学徒隊、義勇隊（男女青年団・婦人会・大政翼賛会・在郷軍人会・隣組など）までが組織された。

当時一九～一七歳のやんばるの少年たち（主に国頭《くにがみ》・中頭《なかがみ》の青年学校生と県立三中鉄血勤皇隊）が駆り出されたのが「護郷隊」だ。「郷土を護る」と言えば聞こえはいいが、それは実は、大本営直属の遊撃隊、つまりゲリラ部隊の秘匿名であり、護郷隊は国頭郡一帯を守備範囲とする秘密部隊だった。

「少年護郷隊の碑」の前でガイドの話を聞く高校生たち

陸軍中野学校出身の将校を隊長とし、沖縄現地から召集した在郷軍人を幹部とする護郷隊は、羽地村（現・名護市）多野《たの》岳（第一護郷隊。約六〇〇人）と恩納村恩納岳（第二護郷隊。約五〇〇人）に拠点を持ち、少年たちは約一ヵ月の初年兵教育ののち、各守備地区に配備された。

「碑」の前で、ガイドのKさんが、当時の体験者から聞き取りした話を、臨場感溢れる語り口で高校生たちに伝える。実際には一四～一五歳の子どももいた護郷隊の隊員たちは、だぶだぶの軍服と大きすぎる背嚢に押し潰されながら連日の行軍を強要され、体の小さな子は足も遅く、みんなが休憩を終える頃ようやく部隊に追いつくため、一日中、休みなく行軍しなければならなかったという。優しかった近所のおじさん（在郷軍人）が鬼の上官となって暴力的な制裁を加えてくる恐怖も語られた。

米軍上陸後、護郷隊の少年たちは交通線や米軍施設の爆破、偵察、夜間斬り込みなどのゲリラ戦を展開。拠点陣地が米軍の集中攻撃を受けて多くの死傷者を出し、隊が解散したのちも、残った隊員で秘密遊撃戦を続けたという。

食い入るように聞いている高校生たちの姿が印象的だった。同じ年頃の当時の少年たちに我が身を重ね、その想像を絶する苛酷な体験におののいているのだろうか。確かに伝わっているという手応えを感じた。

田井等収容所時代、孤児院として使われていた家

次に訪れたのは、難民収容所のあった田井等《たいら》区。一九四五年四月一日に沖縄本島へ上陸、七日には名護に到達した米軍は、日本軍（多野岳と本部半島の八重岳に陣地があった）の掃討戦を行うと同時に難民収容所を作り、山に隠れていた地元住民や中南部からの避難民を収容した。

その後、米軍の侵攻とともに中北部の各地に難民収容所や捕虜収容所が作られていくが、なかでも田井等収容所は最大規模で、最多時期には五万五千～六万人がいたと言われる。田井等市と呼ばれた一時期には、市役所、警察本部、裁判所、病院、保健所、養老院、孤児院などがあったという。

　当時を知る地元のお年寄りの案内で、証言をもとにして作成された当時の地図と見比べながら田井等区内を歩いた。孤児院として使われたという家は、現在も昔の姿をそのままとどめる築八〇～九〇年の立派な赤瓦屋で、敷地も広く、相当な資産家だったことが窺えた。ここに、親をなくした一〇〇人くらいの子どもたちが半年ほど住んでいたという。現在は、当時の当主の息子さん家族が住んでいて、訪れた高校生たちを温かく迎えてくださった。

　その後、多野岳山頂を経て、源河の山中、オーシッタイ（大湿帯）集落の近くに今も残る御真影（天皇および皇族の写真）奉護壕、武田薬品株式会社が戦前から麻酔剤の原料としてコカを栽培し、戦時中は日本軍の重要施設とされていた武田薬草園跡を回り、最後は、名護博物館で開催中の石川真生《まお》写真展「フェンス」（現在の米軍基地のフェンスをテーマとする）の見学・鑑賞で締めくくられた。

　私は所用があって最後までは参加できなかったが、あとで高校生たちの感想文を読ませてもらった。昨年から続けて参加している生徒もおり、体験者たちが伝えたいものを彼らがきちんと受け止めていることに感動した。この催しが末永く続くことを願う。私も頑張って聞き取りを続けていこうという元気をもらった。


（六月一八日）

美しい滝にも戦争の痕跡

七月初め、案内を頼まれて久しぶりにフクガー滝を訪れた。フクガーは、名護市内随一の清流と言われる源河《げんか》川の支流で、名護市五五ヵ字の一つである真喜屋《まきや》（源河の隣り字）の範囲に位置するため、地元外の人は一般にフクガー滝を「真喜屋の滝」と呼ぶ。

多野岳の谷間を流れるフクガーをさかのぼったところにある滝は、かつては山奥の秘境であったと思われるが、現在は多野岳の裾野に広大な土地改良区が広がり、農道が整備されているので、滝のすぐ近くまで車で行くことができる。加えて滝周辺が公園化されている（あまり手入れは行き届いていないが）ため、夏の休日ともなると、滝壺をめざす水着姿の親子連れの姿も少なくない。滝は充分に美しく、かつ豪快なのだが、着くまでの距離が短すぎて物足りないので、私は、フクガー滝を越えてさらに三〇分ほど川をさかのぼった第二の滝（名前は知らない）まで案内することが多い。この日もそうだった。

車を降りて歩き始めると、清流だけに住むリュウキュウハグロトンボ（奄美を含む琉球列島の固有種）が私たちを出迎えてくれた。（雄は）ビロードのような漆黒の羽と光沢のある青や緑の胴体を持つ美しいトンボだ。

フクガー滝

三〜四メートルにも伸びた木性シダ・ヒカゲヘゴが大きな笠のように厳しい陽差しを和らげ、薄紫のノボタンの花が競い合うように咲いている。周辺の自然は以前と変わらなかったが、何ヵ月ぶりかの訪問は、私に別の感慨を与えた。その間に、フクガー滝と沖縄戦との関係について聞いていたからだ。

前述したように、多野岳は「護郷隊」の拠点の一つであり、その隊長は陸軍中野学校出身の村上治夫大尉だった。米軍の猛攻を受けて護郷隊が解散したのち、村上隊長はフクガー滝の近くに隠れ住み、残りの隊員は彼の指揮のもとに移動遊撃隊・秘密遊撃隊としてゲリラ活動を続けたという。

フクガー滝の近くに日本軍の食糧倉庫があったともいう話も聞いた。山に避難していた住民たちの中には、そこからこっそり食糧を持って来た人もいる。「泥棒には違いないが、食べ物がなくて背に腹は代えられなかったからね」。

そんないくつのエピソードを知ったあとの滝周辺は、それ以前とは異なる景色に見えた。滝壺への小道に沿った崖の窪みを、これまでは何気なく見過ごしてきたが、そういう目で見ると、自然にできたものではなく、明らかに人の手によるものだと思われた。人一人が隠れられるくらいの窪みが二つ並んでいるのだ。

また、その近くに見える横穴も気になった。やはり戦時に掘られたものだろうか？　入口の近くが落盤しているので中に入るのははばかられ、どのくらい奥まで続いているのかわからないが、もしかして隠れ家？　あるいは倉庫？　と想像が駆けめぐる。

今度、「戦争編」の調査員仲間や、あわよくば現場を知る地元の人と一緒に是非確認してみたいと思った。

（七月四日）

ハンセン病療養所・愛楽園に学ぶ

沖縄愛楽園の開園70周年夏祭り

二〇〇八年八月二日夕刻、屋我地島にある国立ハンセン病療養所・愛楽園の夏祭りに出かけた。

一〇年余り前、名護市に引っ越してきて以来、同じ市域（といっても、広い名護市のそれぞれ東西の端に位置するわが家と愛楽園の間は車で一時間以上の距離がある）にある愛楽園は、私にとってずっと気になる存在だった。名護市民になってまもなく、取材のために同園を訪れた東京の友人の運転手として行ったのが初めてだが、その時に彼女と一緒に聞いた入所者の話は私の胸に深く刻みつけられた。ハンセン病への偏見と差別、強制収容、逃亡と監禁、強制断種や堕胎…等々、人間としてありうべからざることが堂々と行われてきたこと、沖縄戦時の施設の状況と戦争被害…。

二〇〇一年五月、ハンセン病違憲国賠裁判で熊本地裁は勝訴判決を下したものの、戦後米軍統治下の沖縄での被害実態については「よくわからない」とした。沖縄愛楽園自治会は、宮古南静園入園者自治会に対し「市民による入所者への聞き取り調査によって隔離政策の真相を究明しよう」と呼びかけ、〇二年三月から愛楽園での聞き取り調査が始まった。

琉球大学の森川恭剛助教授を中心に愛楽園聞き取り調査班事務局が作られ、ボランティア調査員を募集しているという新聞記事が掲載された時、私は早速応募した。しかし、四～五人の方から話を聞いただけで、行けなくなってしまった。辺野古の基地問題が抜き差しならぬ状況になり、連日の座り込みや海上行動に出なければならなくなったためだ。

その間にも、事務局をはじめ一〇代から七〇代と年齢も職業もさまざまな市民ボランティアたちは、語るのを拒む入所者たちとも真摯に向き合い、強制断種・堕胎など「語りたくないことを語らせる」ことに苦悩しつつも聞き取りを重ねた。証言の重さに耐えかねてやめていく調査員も多かったが、五年の歳月をかけて、語り手と聞き手の共同作業の結晶とも言える証言集が完成した。ハンセン病証言集として全国初の『沖縄県ハンセン病証言集――沖縄愛楽園編』『同――宮古南静園編』が昨年、相次いで出版され、沖縄愛楽園で昨年一〇月、入所者をはじめ出版に尽力した編集委員や聞き取りボランティア、行政関係者など多くの人々が出席して出版祝賀会が行われた。

ほんのわずかしか聞き取りに参加できなかった私にも、私が聞き取ったうちの一人の入所者の証言を執筆する機会が与えられ、「執筆者」として証言集の巻末に名前があげられているのが、ありがたくもあり、また、恥ずかしく、後ろめたくもある。それぞれ約六〇〇頁に及ぶ証言集には、愛楽園一一六人、南静園九八人の証言が収められているが、証言者名の空白の多さが、今もなお残る差別の厳しさを物語っている。証言集の出版を楽しみにしていた愛楽園の迎里竹志自治会長が完成を見ずに亡くなったのは、ほんとうに残念だった。

聞き取り調査に関して負い目を感じていた私に、再び機会が訪れたのは今年初めだった。愛楽園の入所者が高齢化し、園を訪れる人たちへのガイドに支障を来たしているので、ボランティアガイド養成講座を開講するという記事が新聞に載ったのだ。私はすぐに参加希望の意思を伝え、一月から三月まで毎月一回、計三回の講座に参加した。

ハンセン病とは何か、から始まって、愛楽園の紆余曲折を経た苦難の歴史や現状、フィールドワークなどの講習を受け、修了証までいただいたけれど、もちろん、わずか三回の講習でガイドなどできるわけがない。その後も月一回、講座修了者で集まって、入所者の話を聞いたり、ガイドの練習をしたりを重ねている。いつ、実際のガイドができるようになるのか、極めて心許ないが、体験者でない（というより、むしろ差別する側にいる）人間がどんなふうに語れるのか、悩みつつ、試行錯誤をしながら、これからも愛楽園通いを続けてみるつもりだ。

そんな中で誘われた夏祭りは、予想していた以上の大規模なものだった。受付でもらったプログラムを見ると「開園70周年」と書いてあり、どうやら節目の年らしい。あまりにも人が多いので、見知った顔を見つけることができない。ようやく一人だけ、愛楽園の元入所者でガイド講座の仲間に出会うことができた。彼は、久しぶりに旧交を温め、今晩はここに泊まるのだと、ビールを片手にうれしそうだった。

来賓席が広く設けられ、名護市長をはじめ国会・県議会・市議会議員らの顔が見える。そうか、ここは「国立」療養所だったんだと、今さらのように気付いたが、心がこもっているとはお世辞にも言えない名護市長や市議会議長の型どおりの挨拶を聞き、高齢化が進み車椅子の多い入所者たちが、みんな同じ赤いTシャツと黄色のバンダナ（祭りらしく、ということか、華やかな色だ）を着けて（着けさせられて）勢揃いしているのを見ていると、喉の奥に小骨が刺さったような違和感を覚えた。

愛楽園の所在地である屋我地島の子どもたち、名護市内の高校生や若者たち、園の職員などによる三線、獅子舞、空手、エイサーなどの出し物を見ながら、入所者たちはどんな思いで見ているのだろうと思った。私が証言を執筆した入所者のSさんに裁判勝利についての感想を聞いたとき、「その後、社会の人たちが（園に）たくさん来てくれるようになって、（裁判をやって）よかったと思った。園の中で子どもたちの声が聞けるのがうれしい」と言っていたことを思い出す。彼女の口から出た「社会」という言葉は私をギクッとさせた。「社会」は自分の所属する世界とは別のものだという彼女の認識は、ハンセン病隔離政策の本質を突いているような気がする。

「社会の人たち」がたくさん参加した夏祭りを、入所者たちも楽しんだのは確かだろう。しかし、ほんとうに入所者たちのための祭りなのかという疑問が残った。実を言うと、祭りのお誘いを受けたとき、私は、入所者を中心とした交流会の少し大規模なもの、というようなイメージを勝手に抱いていたのだ。しかし実際には、入所者たちは祭りの主人公ではなく、お客さんに過ぎなかった。プログラムの中に在沖米軍の第三海兵遠征軍楽団の演奏があった（みんながうんざりして「早く終わって欲しい」という声が出るほど長々と続いた）のも、沖縄の現状と政治を感じさせた。

現在の愛楽園の入所者は二七五人。新規入所者はほとんどいないため、人数は今後も減少を続けるだろう。今後、施設をどのように地域に開き、利用していくかが論議されている最中だが、施設の有効利用もさることながら、体験者が減っていく中で、同じ過ち（ハンセン病という病気がたとえなくなったとしても、形を変えた同じような偏見と差別）を繰り返さないために、ハンセン病の歴史をきちんと後世に伝えていくことがますます重要になると思う。

（二〇〇八年八月五日）

愛楽園の将来構想にむけて

日本でハンセン病隔離政策が始まって今年で一〇〇年目。隔離政策と差別・偏見によって多くの人々に苦難を強いた「らい予防法」が廃止されて一三年、ハンセン病違憲国賠裁判勝訴判決から八年を経て、ようやくこの四月から「ハンセン病問題の解決の促進に関する法律（通称：ハンセン病問題基本法）」が施行されることになった。

ハンセン病療養所が地域に開かれ、入所者が地域と共生しつつ安心して生活できることをめざすこの法律の施行を前に、国立療養所・沖縄愛楽園のある名護市で二〇〇九年二月一五日、愛楽園将来構想フォーラムが開催され、会場の名護市民会館には七〇〇人余が参加した。

第一部のシンポジウムで司会を務めたフリーライターの山城紀子さんは、「私たち市民も国の誤った政策を支えてきたという現実がある。勝訴から八年経っても問題は解決していない。八〇万人以上の署名によってハンセン病問題基本法ができたが、それを具現化していくためには価値観を共有することが必要だ」と述べた。

愛楽園自治会長でフォーラムの実行委員長でもある金城雅春さんは、「ある入所者が『ハブより人間が怖い』と言ったように、私たちは人権を無視されてきた。裁判は勝利したが、偏見・差別・迫害はまだ残っている。愛楽園の現在の入所者数は二六四人、平均年齢は七九歳だ。後遺症や高齢化のため社会復帰できない。基本法は私たちが要求して作り上げた法律だ。受け身でなく、市民運動、国民運動としてみんなで活かし、国に要求していこう」と呼びかけた。

愛楽園退所者の平良仁雄《たいらじんゆう》さんは「沖縄に三〇〇～五〇〇人いると思われる退所者がどんな思いで生きてきたか、皆さんは想像できるだろうか。私も退所者であることをずっと隠して生きてきた。ばれるのが怖くて、怪我をしても一般の病院には行けない。しかし昨年、愛楽園のガイド募集に応募し、現在は自信を持ってガイドしている。患者がいなくなったときに誰が引き継ぐのか。市民と一緒に語っていきたい。名護市はもっと主体的に取り組むべきだ」と注文した。

作家の目取真俊《めどるま》さんは「実際に差別するのは地域の住民。国の責任だけでなく市民みんなで考えていくことが必要」と語り、北部地区医師会副会長の上地博之さんは将来構想としてターミナルケアを行うホスピスを提案した。

第二部の演劇「光の扉を開けて」では、名護市の小・中・高校生、県内の大学生が、HIVに感染した高校生がハンセン病療養所退所者から生きる力をもらう劇を熱演。万雷の拍手を浴びた。若者たちが主体的に取り組んだこの劇は、差別と偏見の歴史を乗り越えようとする思いが、次世代に確実に引き継がれていることを感じさせて、うれしかった。

（二〇〇九年二月一六日）

みんなが当事者――愛楽園退所者が語る夢

国立療養所・沖縄愛楽園で三月二一日、同園の退所者である作家・伊波《いは》敏男さんの講演会が行われた。高齢化の進む入所者に代わって園内案内を行うボランティアガイドを養成しようと、昨年から同園自治会とハンセン病問題ネットワーク沖縄の共催によるガイド養成講座が開かれており、その一環として行われた講演会は、講座の受講生だけでなく広く一般にも呼びかけられた。

伊波敏男さんは、私の敬愛する伊波義安さんの弟だ。義安さんは奥間川流域保護基金（私も会員になっている）の代表で、琉球諸島を世界自然遺産にする連絡会の世話人（私も世話人の一人）でもある。会場の同園公会堂には、義安さんをはじめとする家族や、子どもたちを含む親戚の姿がたくさん見られ、敏男さんは講演の冒頭で「それがとてもうれしい」と語った。日本政府によるハンセン病隔離政策の中で、二重にも三重にも家族と引き裂かれてきたハンセン病体験者として感慨ひとしおだったのだろう。

現在は長野県に住み、『花に逢はん』『ハンセン病を生きて』など多くの著書を持つ敏男さんは、「語り継ぐこと・私の夢」と題して講演。「一九五五年から二年一〇ヵ月間の愛楽園での収容生活によって現在の感性の背骨を与えられた」と述べた。

中学生だった敏男さんは、進学の夢を叶えるために同園を逃げ出し、米軍政下の沖縄から密航して、当時、ハンセン病者が学べる全国で唯一の高等学校であった岡山県邑久《おく》高校新良田教室（一九五三年開校、八七年閉校）に入学した。

一九七二年二月一七日に放映される予定だったNHKドキュメンタリー「人間列島」は、病気が回復した敏男さんの結婚をめぐって、さまざまな課題を世に問うものだったが、当日になって突然放映中止になったという。そのフィルムの一部が上映されたあと、敏男さんは「反対したのはハンセン病回復者たちだった。放映されると生活できなくなると。そのことに大きなショックを受けた」と、回復してもなお、人間としての尊厳を否定されてきた経験を語った。

「らい予防法」（九六年に廃止）に依拠した隔離政策の過ちを認めた二〇〇一年のハンセン病違憲訴訟勝訴によって賠償が行われたが、敏男さんは「賠償による救済はきわめて限られている。冒涜《ぼうとく》されてきた尊厳を取り戻すたたかいは、当事者がその先頭に立つべきだ。誰もが普通に生きられる、普通にものの言える社会を作りたい」と述べた。彼は、支払われた自分の賠償金で「伊波基金」を創設し、無医地域の多いフィリピンで医師を養成する奨学金に当てている。

「当事者でない私たちにできることは何か」という参加者からの質問に対し、敏男さんは「当事者とは、一方では患者・家族であり、もう一方では、無関心によって患者を偏見の中に放置してきた者たちだ」と答えた。

そう、私たちみんなが当事者なのだ。

（三月二二日）

愛楽園ボランティアガイドにデビュー

昨年、愛楽園でボランティアガイド養成講座を受けたことは前述したが、実際のガイドにはなかなか踏み出せずにいた。高齢化のため園内ガイドが困難になった入所者（現在の入所者一五五人の平均年齢は七九・二五歳）に代わって来園者を案内する役目だが、修了証書までいただいたとはいえ、体験者でもない者が、たかだか月一回の三回講座を受けただけでガイドなどできるものではない。まずは見学からと、他の人がやるガイドを何度か見学させてもらっているうちに一年以上が経ってしまった。

愛楽園にはさまざまな人たちが訪れるが、最近は、小・中・高校を含め学校行事の一環として学習・見学に来ることも多い。そんな時はガイドの人数がたくさん必要になるので、愛楽園の職員たちも駆り出される。そんな中で、やはりダントツで感銘を受けるのは　愛楽園の退所者で唯一、顔と名前を出してガイドをやっている（そこに至るまでの葛藤は想像に余りあるが）平良仁雄さんのお話だ。彼は、私の養成講座同期生だが、実体験から来る話の切実さ、重みは聞く人の胸の奥深くまで動かし、涙する人たちも多い。

仁雄さんによれば、愛楽園の退所者は五〇〇〇人ほどいるが、退所者の会に顔を出せる人は三〇～四〇人に過ぎないという。「病気は治っても、ほとんどの人たちが隠れて生きることを強いられている。それは隔離政策がもたらしたものだ。体は社会復帰しても心は復帰できない。この矛盾がなくなったときに初めて、ハンセン病問題が解決したと言える」と彼は語る。

生徒たちと一緒に仁雄さんのお話を聞かせてもらうと、感動すると同時に、こんな話はとてもできない（当たり前だが）と、自分がやることに怯《ひる》んでしまう。しかし、このままでは、いつまで経っても見学で終わってしまいそうなので、思い切って一歩を踏み出すことにした。

園内ガイドには五〜八ヵ所くらいのポイントがあり、時間や対象に応じてアレンジしながら案内する。私の初ガイドは、仁雄さんのガイドの時に、サブガイドとして二ヵ所だけを受け持たせてもらうことにした。沖縄戦時の米軍爆撃の弾痕が今も生々しく残る水タンク（かつては園内に配水していたが、現在は使われていない）と、当時の園長が入所者に掘らせた防空壕（注）だ。私は現在、名護市史の戦争編の聞き取りをやっているので、沖縄戦に関することがいちばん話しやすいと思ったからだ。

このときには少人数の大人だったが、次の機会は県内のある中学校の人権学習だった。誰かのサブガイドをやるつもりだったのに、行ってみたら、ガイド数がギリギリのため一クラス三九人を一人で受け持つ配置になっていて、大いに慌てた。幸いというか、あまり時間がなくて四〜五ヵ所しか回れなかったが、冷や汗ものだった。園の資料を見ながらしどろもどろで話したことがどれだけ伝わったか、心許ない。

これに懲りて、次の時には、既成の資料だけでなく、各ポイントに自分なりのメモを作って持っていくことにした。愛楽園の開園（一九三八年。全国のハンセン病療養所より三〇年ほど遅れた）に至るまでの苦難の道＝やんばる全体に広がった激烈な療養所設置反対運動（二万人のデモまでやったと言うから驚く）、患者たちの住む家の焼き討ち事件、水もない無人島への避難……や、ハンセン病者に対する人権侵害の象徴とも言える断種・堕胎のこと……。それらを小・中学生にどんなふうに話せばいいのか、など、難しい課題もたくさんあるが、退所者の伊波敏男さんがおっしゃっていた「もう一方の当事者＝患者を偏見の中に放置してきた者」としての立場から、とりわけ次代を担う子どもたちに何を伝えられるのか、模索していこうと思っている。

（一一月二五日）

（注）園長の名前を取って「早田壕」と呼ばれている。早田園長は日本軍によるハンセン病患者の強制収容に協力し、愛楽園には定員の二倍を超える九〇〇人以上が押し込まれた。早田壕のおかげで爆撃による死者は一人だけで済んだが、苛酷な壕掘りによる怪我や病気、栄養失調などで二八八人の入所者が亡くなり、重い後遺症が残った人も多い。

やんばるの森に抱かれて

奥間ダム建設中止を県に要請

沖縄島北部（やんばる）に残された清流を守るために活動しているNPO法人・奥間川流域保護基金代表の伊波義安さんから、奥間ダム建設計画を中止するよう沖縄県に要請に行くので、参加できないかという電話をいただいた。

元高校教師の伊波さんは、沖縄の日本復帰以降の公害問題をはじめ環境問題に取り組んできた草分け的存在で、現職教師の時代には沖縄県高等学校教職員組合の自然保護運動をリードしてきた。私は一九九二年から九六年まで活動していた「やんばるの山を守る連絡会」で、彼と一緒に行動する機会に恵まれた。その情熱と正義感、権力志向の全くないすがすがしさ、誰にでも分け隔てなく接する温かい人柄が、生徒たちにも教師仲間にも絶大な人気と信頼を創り出してきた彼は、私の最も敬愛する人の一人である。

現在、国頭・大宜味・東の北部三村には（北から）辺野喜《べのき》、普久川《ふくがー》、安波《あは》、新川《あらかわ》、福地《ふくじ》の五ダムが稼働し、さらに大保《たいほ》ダムが建設中だ。いずれも国管理で県民の飲料水として供される。奥間ダムは、大保ダムとともに北西部河川総合事業として計画され、大保ダム完成以降に着工予定。

奥間川流域保護基金は、ダム建設や取水などで、やんばるの川が本来の姿を次々に失っていくのに危機感を持った有志が、沖縄島最高峰・与那覇《よなは》岳を源流とする奥間川流域の山林を購入し、ナショナルトラスト運動として共同所有者（会員）を募り、二〇〇〇年設立時の一九人から現在では六八〇人の会員を擁する。〇三年以来、ダム問題について沖縄県との話し合い（主な所管は地域・離島課）を一〇数回にわたって重ねてきた。

七月二三日の要請には同基金の理事及び（私も含め）会員二五人が出向き、県のダム関係部局（地域・離島課、河川課、企業局、自然保護課）と一時間余り面談した。

伊波さんは「北部三村の森林（二万四〇〇〇ha）の二〇%以上にも及ぶ面積（五二三〇ha）がダムによって潰された」と指摘し、「これ以上のダム建設は世界の流れにも反する。米国では九四年以来、ダム建設が中止されたばかりか、一〇年間で六〇〇ヵ所の既設ダムが撤去された」と語った。

各理事からは「（ダム建設の根拠になっている）県企業局の水需要予測は過大すぎる。人口も観光客も増えたが、実績は予測を下回っている」「県民の節水意識は向上しており、雨水や地下水の利用によりダムを作らなくても対応できる」、また、奥間川流域の豊かな自然を写真で示しながら、「ここには一三種の貴重種ランをはじめ多くの天然記念物、絶滅危惧種が棲息している。奥間川にダムを造れば、世界自然遺産の核となるべきやんばるの自然全体が失われる」と訴えた。

地元出身の会員・金城珍秀さんは「国頭村長選でダム推進を主張した候補は、当初優勢と言われていたにもかかわらず落選し、反対を訴えた候補が当選した。国頭村長をはじめ地元住民は明確に反対している」と述べ、計画の中止を強く求めた。

　ダム建設は国の直轄事業だが、それは沖縄県の要請によって計画される。同基金は先に沖縄総合事務局（日本政府の出先機関）を訪ね、「沖縄県がいらないというものを国が無理に造ることはありえない」との言質を引き出している。にもかかわらず、県の回答は「総合的な検証を行ったうえで国と調整する」と極めて曖昧な表現を繰り返すのみ。「県はどの立場に立って国と話し合うのか」と怒りの声が上がった。

　同席していた自然保護課の担当者が、まるで他人ごとのように一言も発しなかったことにも参加者は憤懣やるかたなく、「（建設を）強行するなら座り込みも辞さない」ことを、最後にあえて伝えた。

　実は奥間ダム本体の設計が同基金の所有地にかかっており、これは大きな強みなのだ。〇三年一一月には、所有地内にあったダム建設のための水位調査用パイプ八本（前所有者が設置を受け入れていたもの）を北部ダム事務所に除去させたという実績もあり、国・県としてもおいそれと強行するわけにはいかないだろう。

（二〇〇八年七月二四日）

森林行政見直しの第一歩――新生県議会が初の林道視察

　沖縄県議会経済労働委員会が七月二八日、沖縄島北部（やんばる）の林道及び伐採現場を視察するというので、林道問題に関心のある市民団体が声を掛け合って（自主的に）同行することにした。

やんばると通称される北部三村（国頭村・大宜味村・東村）の森林は、日本全体のわずか千分の一の面積に、絶滅危惧種のノグチゲラやヤンバルクイナ、ヤンバルテナガコガネをはじめ多種多様の動植物が生息し、一九二を数える固有種、多くの天然記念物や貴重種など、地球上でも希有の生物多様性に満ちた森として知られている。

しかしながらこの森は、とりわけ一九七二年の日本復帰以降、沖縄に基地を固定化する見返りとして政府が注ぎ込んだ多額の高率補助金を使った開発の嵐によって、ズタズタに分断・破壊されてきた。

宇嘉林道沿いの伐採地。かつては豊かな森だった。

なかでも、やんばるの脊梁《せきりょう》山地を真っ二つに縦断して開設された広域基幹林道・大国《おおくに》林道（その延長路線である奥・与那林道を合わせて全長約五〇km。全工期一九七七〜一九九八年）をはじめ、そこから伸びる普通林道が網の目のように走り、無数の沢や動植物の生息域を分断している。敷設された林道を使って行われる自然林の皆伐は動植物の住処を奪い、赤土流出によって島を取り巻くサンゴの海を死の海に変えた。

その間、多くの自然保護団体や学者・研究者、県内マスコミなどから強い批判の声が上がり、市民による反対運動や数々の訴訟も行われてきたが、未だ有効な歯止めとなるには至っておらず、林道や伐採などの開発を免れたのは米軍演習地（ジャングル戦闘訓練センター）だけ、という皮肉な現状がある。

このままではやんばるの森そのものが滅びてしまうのではないかと危惧する県民は、二〇〇八年六月の県議選で与野党逆転（仲井眞知事の与党二二人、野党二六人）した沖縄県議会に熱い期待の眼を向けている。この日の視察は、林道の新規開設や拡張に反対する陳情を県議会に出したり、県を相手に訴訟を起こしている複数のＮＧＯの要請に県議会として対処するために行われたもので、経済労働委員会委員一二人中、玉城ノブ子委員長（共産党）を含む八人（野党六人、与党二人）が参加。環境ＮＧＯ・やんばるの自然を歩む会代表の玉城長正さんと沖縄県森林緑地課が案内し、県議会事務局のほか、仲井眞知事を相手に公金差し止めと工事差し止めを求めている「沖縄命の森・やんばる訴訟」・奥間川流域保護基金・沖縄環境マニフェスト市民の会のメンバーらが同行した。

玉城長正さんの案内で森に入った委員らは、縦横無尽にどこまでも舗装された林道が続き、林道沿いの山々がいくつも丸裸にされているのに、すっかり驚いた様子だった。点々と残る大木の切り株が、ここがかつては豊かな森であったことを物語っている。川の源流が伐採のためすっかり枯れ果てているのを呆然と見つめている委員もいた。初めは冷淡な反応を示していた与党委員も、視察が進むにつれ「これはひどい。何とか手を打たねばたいへんなことになる」ともらすようになった。

玉城長正さんは、やんばるの森の生態系やそこに住む動植物について説明し、林道や森林伐採がそれらを回復不可能なまでに破壊してきたこと、補助金による人工造林はことごとく失敗しており、沖縄では本土のような林業経営は成り立たないこと、などを、過去の写真や資料も駆使しながら丁寧に指摘し、委員らは熱心に耳を傾けた。私は別の車だったが、委員らの乗った県議会のマイクロバスに同乗していた玉城長正さんは質問攻めに遭ったという。

六時間の日程を終えた玉城ノブ子委員長をはじめ各委員は、この日の視察を九月定例県議会の審議に活かしていくと語り、同行の市民・県民らと「力を合わせて県民の財産であるやんばるの森を守っていこう」と握手を交わした。

一日の視察ではやんばるの森の半分も見ることはできなかったし、これまで補助金を湯水のように使い、今後もさらに林道の新規開設や拡張、伐採・拡大造林を予定している沖縄県の森林行政を抜本的に見直すのは容易ではないだろう。しかし今回、県議会が自発的に初の視察を行ったことは、その第一歩を踏み出したと同時に、自然保護市民運動との協働の一歩でもあることを特筆しておきたい。

（七月三〇日）

これ以上の林道はいらない

二〇〇九年一月一二日、久しぶりに国頭村の伊江川を歩いた。やんばる脊梁山地の最北に位置する西銘岳《にしめ》を源流とし、国頭村東海岸に注ぐ清流だ。急流の多いやんばるの川には珍しく、勾配が緩やかで歩きやすい。周辺の森に林道ができたり伐採されたりしたため、最近では雨が降ると濁ることもあるが、まだまだ豊かな自然が残り、自然観察学習の場としても最高だ。

この川が林道建設計画によって脅かされている。伊江川周辺（国頭村奥から楚洲の間）になんと五つの県営林道（奥山線、伊江原支線、伊江Ⅰ号支線、伊楚支線、楚洲仲尾線。合計距離六・四km）建設が計画されており、そのうちの楚洲《そす》仲尾線が伊江川を直撃することになる。

この日、ダムや林道問題に取り組んでいるＮＰＯ法人・奥間川流域保護基金（伊波義安代表）の理事の皆さんが、林道問題を取材したいという地元テレビ局を案内するというので、私も同行させてもらったのだ。

昨年一一月三日の『沖縄タイムス』に、「林道予定地に稀少一二九種　県、着工前初の調査」という見出しの記事が掲載された。それによると、二〇〇七～〇八年にかけて沖縄県が建設予定地の環境調査を行った結果、環境省や県などのレッドデータブックに記載されている希少種一二九種（動物九三、植物三六）が見つかった。調査結果から環境影響の回避・低減措置を採るため、県は林道建設環境調査検討委員会（委員長・新里孝和琉球大学教授、委員八人）を設置したという。

その後、一二月一一日の『琉球新報』は、この環境調査を公表し、県民の意見を募るという県の方針を報道。県民の意見は年内に開催する検討委員会に提出され、「林道建設中止も含めて検討される」というが、調査報告は二〇〇〇頁にも上るのに、公表および意見提出期間は一二月一九日までのわずか一週間余。伊波さんらを含む市民団体が期間延長の要請を行い、二〇〇九年一月九日まで延長させた。

私は伊波さんに、短くてもいいから意見書を書いて欲しいと言われ、締切ギリギリの一月八日に次のような意見書を奥間川流域保護基金に託した。


〈日本の国土面積のわずか〇・一%に、固有種・希少種・絶滅危惧種を含む多種多様の野生動植物が生息し「奇跡の森」と呼ばれるやんばるの森を切り裂いて、網の目のように林道が開設され、太古の昔からこの森に生き続けてきた生き物たちを絶滅の危機に追い込んでいることに、私はずっと胸を痛めてきました。ノグチゲラやヤンバルクイナたちの悲鳴は、私たち、この島に住む人間の未来をも嘆いているように聞こえます。林道を含め、もうこれ以上、森の自然に手をつけることは、私たち自身の首をも絞めることになるという気がしてならないのです。

楚洲仲尾林道入口。現在、140m で中断している

これまでの林道開設が何らの調査も検証も評価もなく行われてきたなかで、今回、事業者である沖縄県が初の環境調査を行い、その結果を公表し、広く意見提出の機会をもうけたことを、私は高く評価し、歓迎します。

今回の調査で五路線の建設予定地内にノグチゲラ、ヤンバルクイナ、クロイワトカゲモドキ、イボイモリなどの国・県天然記念物（絶滅危惧種）、コバノミヤマノボタン、ツルランなどの稀少植物をはじめ一二九種が生息していることが明らかになり、改めて「奇跡の森」のすばらしさを印象づけました。

既設林道の開設およびその存在によって、野生生物の生息環境の分断・劣化、移入動植物の侵入、人間や車の出入りによる影響、森林伐採、赤土流出、沢の分断による水系の撹乱・消滅などを嫌というほど見てきた者にとって、どのような代償措置を取ろうと開設が前提である限り、自然環境への著しい悪影響が避けられるとは思えません。しかもその犠牲は、林道開設の目的である「林業振興」に見合うどころか、森を荒廃させ、林業にも悪影響を及ぼすでしょう。

国頭村の林道密度（九・六m／ha）はすでに全国平均（五・〇m／ha）を大きく上回っており（関根孝道「地域森林計画策定と林道事業をめぐる諸問題」二〇〇五年）、これ以上の林道開設がなぜ必要なのか、県民の理解は得られていません。

私見ですが、県の林業予算は林道開設ではなく、採算が取れずに放置されている私有林など里山の整備、生産補助、人材育成などに使うのが林業振興にとって有効であると考えています。私たちの血税が有効に使われること、公有林は未来世代への財産として残すことを強く望みます。

今回の調査によって明らかになった貴重な森林生態系を守り、私たち人間も含めた生命がこの島で今後も生き続けるために、これ以上の林道開設には反対します。〉

奥間川流域保護基金が集約した意見書は個人七七人および二団体に上った。伊波さんらは九日、これを県の担当部局である森林緑地課に提出するとともに意見書の取り扱いについて質問した。最後の検討委員会は県民の意見提出を待たず、年内に開かれてしまっていたからだ。

伊波さんによれば、県民の意見書については「森林緑地課で検討する」との答。県民の意見が報告書にどのように反映されたか、学識経験者へのヒアリングや検討委員会の話し合いの結果がどのように反映されたかについて、県民にいつ、どのように公表するのかという問いにはノーコメント。五路線の『林道環境調査委託業務報告書』作成にかかった費用がなんと四四〇〇万円というのには、伊波さんもあきれていた。どんな調査をすればそんなにかかるのか。これで林道が中止になるなら、「税金の無駄遣い」とは言わないけどね……。

林道工事の開始は未定だが、既に予算案は完成しており、二月県議会に提案されるという。「予算案を通さないよう県議会への働きかけが必要ですね」と、伊波さんと話し合った。


伊江川を歩いていると、流域のところどころに、赤いリボン状の布が結ばれているのに気付いた。林道が通る予定の場所だという。「ここには橋が架かるようですよ」と理事の一人が教えてくれた。どんな状態になるのか想像したくもないが、鬱蒼《うっそう》とした森はまったく変わり果ててしまうだろう。

先を歩いていたメンバーが「ノグチゲラがいたよ」と伝えに来てくれたので、みんなでソーッと近づく。「このあたりには営巣木が多いんですよ」。彼が指さす方向に巣穴のあるイタジイが二本見えた。

「あ、いた！　あそこ！」。ノグチゲラは木から木へと独特の飛び方をする。姿は見えなくなったが、「キョッ、キョッ」という特有の鳴き声がしばらく響いていた。

白い小さな花をつけるアリモリソウ。センリョウやツルコウジの赤い実。冬の森は可憐な妖精たちの晴れ舞台だ。

板根を大きく広げたオキナワウラジロガシの古木に出会った。日本一大きいドングリだというウラジロガシの実を拾っていると、その回りにもたくさんの赤い印があった。「この木も切られてしまうんだ!!」。そこにいた数人が愕然とした顔を見合わせた。

伊江川を何度も歩き、この木を「森の女神」と呼んで親しんでいるJさんが「絶対切らせない！もし切ると言うなら、私は自分の体を木に縛り付けて抵抗する！」と叫ぶように言った。「みんなでやろう！」と私も答えた。

改めて言いたい。私たちを生かしてくれている自然をこれ以上傷つけるのはもうやめよう、と。

（二〇〇九年一月一三日）

林道予算削除へ動き出す

二月二八日、奥間川流域保護基金の皆さんが、野党県議らを国頭村の林道および林道建設予定地に案内するというので、私も同行した。

前述した新設予定林道五路線のうち、沖縄県が〇九年度からの着工を計画している二路線（伊江原支線＝七〇〇m、伊江I号支線＝五五〇m）の予算案が今議会で審議されることになっている。同基金代表の伊波義安さんらはこの間、県議らと林道問題の勉強会を重ね、これ以上の林道はいらないという共通認識を培ってきた。その結果、県議会の多数を占める野党議員はほぼ一致して、二路線の建設（予算）に反対する方向が固まってきたという。この日の視察は、実際に現場を見て審議に臨みたいという県議らの要請を受けて行われた。

時あたかも新緑の季節。芽吹きの森の美しさに感嘆の声を上げつつ、森を縦横に引き裂いて走る林道の一つに分け入った。

県議団に林道の問題点を説明する奥間川流域保護基金代表の伊波義安さん（中央）。（2月28日）

伊江原《いえばる》林道。〇七年七月に完成した、まだ新しいこの林道をどう表現したらいいのだろう。これまでに私が見た林道は幅員四ｍで、車がすれ違える広さを持っていた。初めて見た幅員二ｍ、すれ違うこともできない一車線道路が、舗装されてくねくねと続く様は、この世の光景とは思えないほど異様だった。林道の両脇には、ほとんど直角に感じられる法面《のりめん》が挟むようにそそり立ち、まるで溝の底を走っているような圧迫感がある。よくもこんな道路を造ったものだとあきれてしまう。造るべきでないところに無理して造りましたと、道路自体が語っているようだ。完成して二年も経たないのに、早くも法面の剥落が始まっている。これでまた、「自然災害復旧事業」という名の公共工事を生み出そうということか……。

さらにあきれたのは、この林道の総延長が一九四〇ｍで、二㎞にほんのわずか足りないということだ。これにはからくりがある。二km以上の林道建設には環境アセスメントが必要なので、アセス逃れの姑息なやり方が見え見えだ。

この伊江原林道からさらに枝を伸ばすのが伊江原支線だが、実はそこには既に未舗装の古い林道が存在している。わざわざ造る必要はないのに、これを舗装道路に造り替えようというのだ。林業のための林道に舗装は必要ないというのが全国的な常識で、林道が全面舗装されているのは沖縄だけだと聞いた。高率補助金のなせるわざだろう。補助金と言っても元は国民の血税。こんな無駄なことに使うべきではない。

奥間川流域保護基金が楚洲・仲尾林道入口に立てた看板

伊江Ⅰ号支線の予定地は、議員ら（私も）をいっそう驚き、あきれさせた。伊江Ⅰ号林道から入ったそこは絶壁のような斜面を上り下りしなければならず、滑り落ちそうになるのを、立木につかまってようやく支えるありさま。議員の一人は途中で進むのを断念し、一人は、手に持っていたカメラを谷底に落としてしまった（山に慣れた保護基金のメンバーがどうにか取り戻してきたが）。

「こんなところに道を造るなんて信じられない」「無理して造ると莫大なカネがかかるし、自然破壊も相当なものになるだろう」というのが、参加者たちの共通した感想だった。

現場を詳細に検分し、熱心に質問する県議らの姿は心強かった。

これは県議会での審議に活かされていくだろう。遠く感じていた県議会がぐんと近くなった。これまで市民がいくら声をあげても無視されてきた林道問題が、ようやく動き出すことに感動を覚えた。時代は少しずつ変わりつつある。

（三月一日）

「やんばる森林生態系保護地域」計画を答申

「沖縄北部国有林の取扱いに関する検討委員会」（座長：篠原武夫琉球大学名誉教授）が三月三日、那覇市の八汐荘ホールで開催され、傍聴の機会を得た。

一九九六年の「沖縄に関する特別行動委員会（SACO）」の最終報告に基づいて北部訓練場（米海兵隊ジャングル戦闘訓練センター）の過半が返還されることになり、返還予定地の八〇％を占める国有林（三三七二ha）の取り扱いについて、同検討委は、学識経験者や地元関係者らが委員となり一九九七年九月から九回に及ぶ会合で議論を重ねてきた。

その最後となった今回の会合では、これまでの議論の集大成として、返還される国有林を「やんばる森林生態系保護地域」に設定し、その保全管理のための委員会を設置することを九州森林管理局長に対して答申した。設定理由として、「面的な広がりをもった原生的な天然林としてイタジイ林やオキナワウラジロガシ林に加え、山地の稜線部に発達する雲霧林と、渓流沿いの岩上に発達する渓流植生は、山原《やんばる》や琉球列島を特徴づける希少種や固有種が数多く見られ、多様な生態系を形成している」と述べている。

当初、返還地を林業等に利用したいという地元要望も強かったが、それらも含め丁寧に話し合う中で、返還地全体を、保護林の中でも最も保全のレベルの高い森林生態系保護地域とする計画を、検討委の総意として提言した意義は大きい。

保護地域はコアエリア（保存地区）とバッファゾーン（保全利用地区）から成るが、検討委の事務局を務める九州森林管理局は、これまでの論議を踏まえ、バッファゾーンについて前案にあった「森林レクリエーションとしての利用」や「道路・建物の設置」を削除したことを報告。各委員からは、「バッファゾーンはコアエリアを守るためのものであり、教育的利用などはその外側の森林で充分行える」「保護地域が孤立した形になっているため、今後、民有林も含めた『緑の回廊（コリドー）』として繋げていくことが必要」などの意見が出された。これらは今後設置される保全管理委員会の課題とされた。

篠原座長は最後に「座長談話」を発表し、「返還後、本報告書に即して新たな国有林の森林計画が策定されるとともに、本報告書の提案が実行に移され、着実な成果を上げていくことを期待しています」と述べたが、長期間の論議の結晶と言うべきすばらしい提案も、返還が実現しなければ絵に描いた餅にしかならない。米軍が返還条件としているヘリパッド移設は地元住民、県民の反対に遭って膠着状態に陥っている。国有林の保護に責任を持つ日本政府は、無条件返還を米軍に要求すべきである。

（三月四日）

新緑の森と大保ダムに沈む滝

三月四日、建設中の大保ダムによってまもなく水没する予定の滝を撮影するという沖縄テレビ「河川・環境シリーズ」撮影班に同行した。

大保川は、かつて沖縄八景の一つと謳われた風光明媚な塩屋湾に注ぐ全長一三㎞余の二級河川だ。大保ダムは沖縄北西部河川総合開発事業の一環として、内閣府沖縄総合事務局北部ダム事務所が一九九三年に基本計画を告示、九五年、関連道路工事が開始された。二〇〇二年にダム本体工事が着手され、まもなく完成予定。完成すれば沖縄で二番目に大きな規模を持つダムとなる。

今後、二〇〇九年度には試験湛水が行われ、二〇一〇年度以降に供用開始される。やんばる（国頭村、東村）に既に五つある他の国管理ダムと同様、水道水の供給を主目的とし、洪水調節機能なども兼ねるという多目的ダムである。

三月のやんばるの森は、萌え出る新緑でむせ返るようだ。黄金色の新芽と花（雄花・雌花）が同時に樹冠を飾るイタジイ。赤い新芽をちりばめたイジュ。樹冠いっぱいに真っ白い花を咲かせるクロバイが、今年はことのほか目だつ。シャリンバイ、アオバナハイノキ、ハクサンボクなどの花も今を盛りと咲き乱れ、山々は命の息吹であふれんばかり。林道沿いではウグイスが見事な囀《さえず》りを響かせ、谷間からはヤンバルクイナが呼んでいた。

大国林道（大宜味村と国頭村にまたがる全長三五・五㎞、総幅員五m、沖縄県管理の広域基幹林道）に車を置いて、山道に入った。尾根道を辿り、水没予定区域にある大保川支流の滝をめざして急斜面を降りる。

川に降りる手前にロープが張られていた。ダム湖の水の最大水位を示すもので、川床からこのロープまでが伐採予定なのだ。

川に降りるとすぐ目の前に、美しい滝と滝壺が現れた。「これがなくなるなんて信じられない！」と声が上がる。林床は新芽（丸いゼンマイ）をいっせいに芽吹かせたシダに覆われ、その間からケラマツツジの朱色の花が覗いている。岩の上には渓流性のリュウキュウツワブキが群生し、水の上に枝を差し伸べたアマシバは白い花を咲かせていた。

大保ダムに沈む予定の滝。来年はもう見られない。

支流を少し下ると大保川本流と合流する。一つの岩に幾種類もの苔が緑の小宇宙を作り、ランの仲間のキンギンソウがあちこちで蕾をふくらませている。本流を少し上ると、そこにも小さな滝があった。このあたりも水没地域に含まれるという。

案内役を務めた奥間川流域保護基金代表の伊波義安さんが「このダムを止めきれなかったことが悔やまれるね」とつぶやいた。大保川の景観はすばらしく、ダイナミックさと繊細さを併せ持っている。しかし残念なことに、流域に村のゴミ処分場があったり、畜舎廃水が流れ込んで水質が悪化し、村民が川にあ

大保川本流の流れ。ここも水没予定区域。

まり愛着を持っていないため、ダム建設によって川が失われることに関心がないと、ある村民から聞いたことがある。

しかしそれは川の責任ではない。大保川流域にはたくさんの炭焼き窯の跡があり、人の暮らしに貢献してきたことを物語っている。水没予定地に完全な形で残っている炭焼き窯が最近発見されて地元紙でも大きく報道され、大宜味村教育委員会ではこれを移設保存する作業を進めている。

川を汚したのは人間だが、川を浄化できるのも人間だ。汚染の原因を取り除いて愛着を取り戻し、この川を守ることもできたのではないかと、今さらながら後悔が胸を噛む。大保川流域はイタジイやオキナワウラジロガシの古木も多く、絶滅危惧種のノグチゲラにとっては最良の生息地だった。写真や映像も含め大保川のすばらしさを伝える努力をした人たちも少なからずいたのだが、ダムを止めるまでには力が及ばなかった。

さらには、大保ダムの残土で塩屋湾に隣接するイノー（サンゴ礁の内海）を埋め立てる事業が進行中であり、大宜味村は山も海も失いつつある。この埋立事業に対しては村民の間から反対運動が起こり、私も注目しつつ応援したが、土建業や運送業などの利益を代表する議員が村議会の大勢を占め、反対する議員はただ一人という状況の中で押しきられてしまった。ブルドーザーや重機が唸りを上げる埋立地の前を通るときはいつも、胸が締め付けられる。

「悔やんでも悔やみきれないが、せめては、これを教訓にして、これ以上のダムを造らせないことだ」と伊波さんが言った。私も撮影班も含め、みんなが同じ気持ちだったと思う。

県民の水は既に足りており、これ以上のダムは必要ない。仮に不足する場合でも、節水や、ダムに頼らない水源を開発するなど、方法はいくらでもある。私たち人間の便利さや欲の追求によって既に満身創痍のこの島の自然を、これ以上破壊してはならないと、改めて肝に銘じた川歩きであった。

（三月六日）

林道予算削除ならず――三月県議会

前述したように、林道予算削除へ向けて動き出した野党県議らの活躍に期待を寄せたが、結果としては、残念ながら期待は実現しなかった。

沖縄県が〇九年度からの着工を予定している林道二路線の予算案について、県議会の多数を占める野党議員は、現場視察や勉強会を重ね、三月議会に林道予算削除の修正案を提出した。予算委員会の傍聴に私は行けなかったが、傍聴した人の報告や地元紙・テレビなどの報道で、問題の核心に迫る熱い論争が繰り広げられていることを知り、隔世の感を覚えた。

私たちが「やんばるの山を守る連絡会」を結成し、開設工事中の県営広域基幹林道・大国林道に異議の声を上げ始めたのは一九九二年だった。以来、さまざまな人たちが裁判も含めて、これ以上の林道開設に反対してきたが、林道によって分断され枯れてしまった沢から聞こえてくるヤンバルクイナの悲鳴にも似たその声は、県政には届かず、その後も、わずかに残された森を次々に切り裂いて網の目のような林道が造られてきた。しかも沖縄の場合、舗装率九一％（全国平均四一％）だ。生態系の破壊はもちろん、林業振興のためという大義名分で、実際には林業予算を林道開設（土建業）に注ぎ込み、林業の基盤である森林を疲弊させてきた実態が、ようやくクローズアップされて来たのだ。

ついに山が動くかと思われたが、しかしながら、泡瀬干潟埋立予算削除の修正案とともに林道予算削除も、賛成少数で否決され、県の原案が通ってしまった。当初は林道新設反対で県当局を厳しく追及していた野党会派「改革の会」（自民党を出た下地幹郎氏が率いる「そうぞう」に属する人々の会派。三議席だったが、のちに民主党から離脱した一人を加えて現在は四議席となっている）が、途中から林道容認に変わってしまったのだという。どんな圧力や政治的思惑が働いたのかは知らないが、簡単に理念を捨ててしまう政治家ならぬ政治屋に未来を切りひらく可能性はない。

期待していた分、落胆は大きいが、しかし絶望はしていない。二五日の県議会最終本会議には私も傍聴に行った。私たち市民団体が長年訴え続けてきたことを、若い議員（民主党）が説得力のある見事な論理展開で堂々と論じているのを聞いて感動した。県議会の働きに呼応するかのように地元メディアも頻繁に報道し、世論を盛り上げてくれた。これが今後、行政も含めた実りある論争に発展し、多くの人々の智恵が結集されていくことを願いつつ、私も努力したいと思う。

（三月二八日）

奥間ダム、建設中止へ

奥間川流域保護基金の兼城《かねしろ》淳子さんから電話があった。九月一〇日に開かれる沖縄県企業局の事業再評価委員会で、国頭村奥間川に計画されている奥間ダム建設事業からの撤退が答申されるという、この上なくうれしい知らせ！　人数制限のあるその傍聴へのお誘いだったが、私は当日、どうしても抜けられない用事が入っており、歴史を画する場に立ち会えない残念さに泣く泣く辞退した。

奥間ダム事業は沖縄島北西部ダム事業計画の一環として、大宜味村の大保ダムとともに一九九三年に告示されたものだが、一〇日に開かれた同局事業再評価委員会は、奥間ダムの水道事業にかかる費用対効果は〇・〇四しかなく、事業継続の基準値である一・〇を大きく下回る無駄な公共事業であり、撤退すべきと答申。これを受けて沖縄県企業局は九月一四日、奥間ダムからの撤退を正式に公表した。事業化されたダム計画での撤退は初めてという。

同事業の主体は治水対策を行う国だが、もともとが水需要予測に基づく計画であり、水道事業を行う県企業局が撤退すれば、建設の意味はほとんどなくなる。現在のところ国は、治水事業は必要と強調する一方で、事業中止もありうるとの考えを示している。「行政の継続性」とやらで、一度決まったものをなかなか引っ込められないのはわかるが、奥間川には治水も含めダムは必要ない。税金の無駄遣いと自然破壊しかもたらさない事業は、一日も早く中止の決断をして欲しいと思う。

美しく多様性に満ちた奥間川流域の自然は、多種多様の野生生物を育み、地域住民に美味しい水と川の恵みを供給してきた。この川を愛し、現在も飲料水として自主管理する地域住民はダム建設のための説明会に応じず、国頭村には昨年、奥間ダム反対を公約に掲げた村長が誕生した。

一方、次々に建設されるダムによって多くの川が犠牲となる中で、残された最後の清流とも言える奥間川の自然を保全しようと、流域の土地を購入して二〇〇〇年に設立されたNPO法人「奥間川流域保護基金」(会員約七五〇人)は、ナショナルトラスト運動を展開し、地元との連携を進めるとともに、兼城さん、具志堅さんら同基金ダム班を中心に県企業局などダム関係部局とねばり強い交渉・協議を積み重ねてきた。地元を核に、外から大きく包み込む運動が事業中止への道を切りひらいたと言えるだろう。

私自身も一三年前、奥間川の魅力の虜になった数人の仲間たちと「奥間川に親しむ会」という小さな会を立ち上げ、川を歩き、写真展などを通じて奥間川のすばらしさとダム建設の矛盾や無謀を訴えてきた。基地問題で手一杯になって以来は、(他のメンバーもそれぞれに忙しく)思うように川歩きもできなくなり、会も開店休業状態だが、奥間川への思いは今も変わらない。恋が成就しつつあるような喜びでいっぱいだ。

これを機に、公共事業の見直しを掲げる新政権のもとで、沖縄という自然豊かな小さな島における公共事業のあり方について議論が深まることを期待したい。

(九月一七日)

奇蹟の宝・泡瀬干潟を守ろう

泡瀬干潟埋立中止を求めて座り込み

沖縄島中部・中城《なかぐすく》湾の泡瀬《あわせ》干潟の埋立中止を求めて、二〇〇八年八月四日から埋立工事のための仮設橋梁前で座り込みを続けていた泡瀬干潟を守る連絡会は、二五日夕刻、座り込み成功集会を行い、二二日間にわたる座り込みを解除した。

沖縄第二の都市・沖縄市の市街地に隣接して、驚くほどの生物多様性に満ちた広大な干潟（二六五ha）が残っていることは奇跡に近い。泥干潟から海草藻場、サンゴ礁と続く一連の生態系は多種多様の生きものを育み、生活排水を浄化し、渡り鳥たちにも人間生活にも多大の恵みを与えてきた。日本有数のサンゴ礁干潟であり、絶滅危惧種など貴重種の宝庫である泡瀬干潟を、先に埋め立てられた隣接の（うるま市）新港地区の浚渫土砂処分場として埋め立て（国の事業）、その埋立地に経済合理性の全くないマリンリゾートを造成する（沖縄県及び沖縄市の事業）というあまりにも愚かしい計画について、市民・県民の合意は得られていない。

二〇〇二年から着工された第一期工事（九六ha）の中止を求める世論に対し、東門美津子沖縄市長は昨年一二月、「工事が進行している」ことを理由に一期工事を容認。現在は埋立区域を囲む護岸が完成し、その中にいよいよ浚渫土砂が投入されようとしている。工事用車両の出入り口である仮設橋梁前に横断幕を設置しての座り込みは、貴重な干潟が目の前で失われていくのを何とかして止めたいという、やむにやまれぬ行動だった。

仮設橋梁入口に座り込んだ市民たちは、作業員の出入りは静かに見守り、工事用の大型車両（砂や岩石の運搬車など）や燃料車については話し合って遠慮してもらう、という姿勢を貫き、二二日間を通して工事用車両は一切入れなかった。

その間、警察による「威力業務妨害」「排除」等の脅し、請負業者による挑発・ヤラセ行為、座り込みの場所をめぐる沖縄市と市民側の見解の相違（沖縄市は道路の不法占拠に当るとして撤去を要請。連絡会は、座り込みの場所は道路ではなく法定外公共用財産＝空き地であるとの見解）などへの対応に追われ、沖縄市や県・国（沖縄総合事務局）との話し合いも持たれた。

夕焼けの中をねぐらへ帰る鳥たちのシルエットが浮かび、暮れなずむ干潟を前にして始まった集会には、沖縄市内外から約五〇人が参加。座り込みテントの中から「埋立反対！　泡瀬干潟を守ろう！」と声を上げた。

座り込みの経過報告を行った連絡会事務局長の前川盛治さんによれば、座り込み参加者は延べ約五五〇人、カンパ約一五万円、差し入れ多数。座り込み期間中の八日には、連絡会の陳情を受けた県議会土木委員会の埋立地視察が行われ、沖縄選出国会議員らも激励に訪れた。メールでの激励、ブログやホームページでの紹介を含め多くの支援を受け、泡瀬干潟の重要性や工事の問題点を広く知らせることができた。

　とりわけ、設計図には仮設橋梁だけしか記載してないにもかかわらず、橋梁と市道との間に、干潟を埋め立てて仮設道路（国管理）が造られていることが明らかになったため、連絡会ではその不当性を指摘し、今後、住民監査請求の可能性を追求していくという。

泡瀬干潟埋立中止を求めて22日間の座り込みが行われた

　連絡会の参加団体や支援団体・個人が座り込みの感想や泡瀬干潟への思いを次々と語り、「決してあきらめない」「運動はこれからも広がっていく」と述べた。琉球諸島を世界自然遺産にする連絡会の伊波義安さんは「琉球諸島は世界自然遺産の候補地にはなっているが、泡瀬干潟の埋立が進むと世界遺産にする価値がなくなる」と警鐘を鳴らした。

　私も、ヘリ基地いらない二見以北十区の会としての発言を求められ、「高江・辺野古・泡瀬の自然を子々孫々に引き継いでいくために、今後とも一緒に頑張りましょう」と述べた。

　テントと仮設道路を隔てる移動式の鉄柵の向こうには、一〇人ほどの国の職員らしい人たちがビデオカメラを回しながら集会を監視し、市道の向かい側の街路樹の陰には同数くらいの私服警官が立っているという異状さだったが、発言者たちは彼らに対しても、「自然を壊すことは自分自身を壊すこと」「子々孫々に残すべきものは何ですか」と呼びかけた。

連絡会共同代表の小橋川共男さんは「泡瀬干潟では三四〇種の貝が採れる。これだけでも日本一だ。泡瀬のサンゴがなぜ、白化を免れ、オニヒトデの食害にも会わず健全なのか、解明する必要がある。泡瀬干潟を守ることはウチナーンチュのチムグクル（肝心）、マブイ（魂）を守ることだ」と声を大にした。

「座り込みの成果を生かし、第一期工事の中止、一期工事区域のサンゴ保全等、諸課題解決のため、連帯してたたかい、運動を前進させよう！」というアピール文を採択して集会は終わり、その後、テントや横断幕を撤去して座り込みは解除された。連絡会は今後、座り込みの中で明らかになった問題点や課題を追及するとともに、より幅広い運動をめざすという。（二〇〇八年八月二六日）

那覇地裁が画期的な公金支出差し止め判決

泡瀬干潟を埋め立ててマリンリゾートを造る「東部海浜開発事業」について、沖縄県民五八二人・沖縄市民二六六人が沖縄県知事と沖縄市長に対し公金支出の差し止めを求めていた「泡瀬沖合埋立訴訟」（二〇〇五年五月提訴）で、那覇地裁（田中健治裁判長）は一一月一九日、事業には現時点での経済的合理性が認められないとして、今後「一切の公金を支出してはならない」と命じる判決を下した。

原告側が求めていた支出済の公金約二〇億円の返還は認められず、また、終了後に新種が次々と発見されているずさんな環境アセスを違法とはしていない、などの不充分さはあるにせよ、一度決まったら、どんなに不合理でも止められないと思われていた「公共事業」に工事中止の大きな可能性を開いたこの判決は、まさに歴史を画するものであり、原告団は「勝訴」の喜びに沸いた。県内マスコミはこぞって、生物多様性に満ち生産性の高い泡瀬干潟の貴重さを含めて、これを大々的に報道した。

沖縄県内だけでなく理不尽な開発に反対する各地の住民・市民運動に大きな希望を与えたこの判決は、泡瀬干潟を守る連絡会の地道でねばり強い運動が実を結んだものとも言えるだろう。連絡会は判決後直ちに、県と市に控訴しないよう要請を行い、埋立事業の当事者である国（沖縄総合事務局）に対しても工事中止を要請した。

このような中で二三日、泡瀬干潟に近い沖縄市産業交流センターにおいて「これでいいのか⁉泡瀬干潟埋立‼～〇九年一月から始まるサンゴの生埋めを中止させよう～」シンポジウム（共催：日本自然保護協会、ＷＷＦジャパン、日本湿地ネットワーク＝ＪＡＷＡＮ、泡瀬干潟を守る連絡会）が開かれた。判決前から予定されていた集会だったが、勝訴判決の直後とあって会場には喜びと熱気があふれ、司会のＫＥＮ子さん（ミュージシャン）は「まさか勝つとは思わず、判決抗議の怒りの集会になるかと思っていた」と笑いを誘った。

冒頭で挨拶した連絡会共同代表の小橋川共男さんは「今回の判決は、私たちが続けてきた埋立反対運動の大きな転換点になるだろう。完全な勝利＝埋立中止をめざしていこう」と呼びかけた。

連絡会事務局長の前川盛治さんがパワーポイントを使って、事業の経過と工事の現状、国・県・市の目的、問題点や違法性、新種・貴重種・絶滅危惧種を含むサンゴや干潟の生き物たち、那覇地裁判決の概要などを説明して問題提起を行ったあと、日本自然保護協会の開発法子さんが「泡瀬埋立着工後の干潟・海草藻場の変化」について発表し、「アセスでまったく予測されていなかった地形変化と海草藻場の喪失が確認されている」と指摘。開口部があるので生態系への影響は少ないとする事業者の意見に対し「あくまでも予測だが」と断った上で、地形変化に伴う砂州の移動によって開口部はふさがれてしまうだろうと警鐘を鳴らした。今回の判決について日本自然保護協会も全面支援し、控訴断念を働きかけるという。

続いて、ＪＡＷＡＮの伊藤昌尚さんが東京湾三番瀬保全の取り組みを報告したあと、今回の判決に関しＪＡＷＡＮとしても沖縄市長、県知事、首相へ要請文を出すとともに、環境省への要請など東京での行動や海外への発信、さらに泡瀬干潟をラムサール条約の登録湿地にする取り組みも行いたいと述べた。

また、干潟埋立を中止させた実践例として、一九歳で広島県竹原市波知《ハチ》の干潟を守った岡田和樹さん（現在二一歳）が報告し、ハチの干潟調査隊を立ち上げ、「見て！触れて！食べて！」をテーマにした観察会、市の人口の半数以上を集めた署名によって「藻場造成」という名目のヘドロ投棄計画を取り下げさせた経験を語り、参加者に大きな感銘を与えた。

若い岡田さんに触発されたように、フロアの若い女性が「泡瀬干潟のこと、私たち沖縄市民が大事なものを持っていることを初めて知った。それを活かし、大事にしていきたい」と発言し、温かい拍手に包まれた。

この日に採択されたアピール文「歴史的な11・19那覇地裁判決を確定させ、泡瀬干潟を守り抜こう！」は、「暗闇の中で、微かな明かりでも探そうとしてきた戦いの歴史に大きな朝日が昇るときが、今きている、泡瀬干潟を子々孫々に残すことが決まるまで、頑張り抜こう」と結ばれている。

このアピール文を携えて、連絡会と日本自然保護協会は週明けの二五日、沖縄市と沖縄県に再度の「控訴断念」要請を行い、県議会各派への要請も行った。

バブル期に発案された同事業が現状にそぐわず、先の見通しがないこと、また、泡瀬干潟の自然が世界的にも貴重な宝であることは、今や多くの県民・市民の共通認識となり、世論調査では埋立反対が圧倒的に多い。しかしながら、控訴断念を求める世論に逆行して沖縄県と沖縄市は一二月二日、福岡高裁那覇支部に控訴した。

控訴費用や控訴後の事業は公金で賄われるにもかかわらず仲井眞沖縄県知事が「控訴については議会での議決は不要」としたため、県議会多数を占める野党は「議会軽視」「民主主義に反する」として一二月議会（一一月二八日開会）冒頭で抗議の統一行動（退席）を行い、議会は九時間にわたって空転した。

一方、原告側（連絡会および同訴訟を支援する会）は翌三日、記者会見を行って「控訴しない」ことを表明した。当初、アセスの問題点について控訴も考えていたが、控訴審期間中も工事が進行し、干潟が生き埋めにされることから、「早期に地裁判決が支持されるよう、争点を絞って審理を進めるため」だ。控訴審の行方に県民の注目が集まっている。

（一二月六日）

泡瀬干潟への土砂投入に抗議

「サンゴの埋め殺しを許さないぞ！」「貴重な干潟を守ろう！」「埋立反対！」

二〇〇九年一月一五日朝、中城湾港東埠頭にシュプレヒコールが響いた。国（沖縄総合事務局）がこの日から中城湾港新港地区の航路浚渫工事を開始し、浚渫土砂を泡瀬干潟埋立第一期工区（人口島予定地）へ投入するという知らせに、急遽駆けつけた人々だ。前日、泡瀬干潟を守る連絡会からのメールで緊急抗議集会のことを知った私も、早起きして友人らと一緒に参加した。

昨年一一月一九日、那覇地裁は沖縄県と沖縄市に対し、泡瀬干潟埋立への公金支出を差し止める判決を下したが、県と市は一二月二日に控訴。浚渫および埋立を行う国は、同訴訟の被告ではないことを理由に当初の計画通り作業を進めるとし、原告側は判決確定まで工事を中断するよう訴えていた最中の暴挙だった。

抗議集会の隣では、埋立を推進したい人たち（沖縄市東部海浜リゾート開発推進協議会が主催）が「歓迎・工事開始」と大書された横断幕を掲げて集会を行っていた。写真を撮るために近づいてみると、「隣でやっている集会は特定政党のためのものだ」云々と言っている。こうやってレッテル貼りをするんだな、と思った。

午前九時過ぎ、フェンスを隔てた目の前で、浚渫船が海底の土砂を掘り、台船に積み込む作業が開始された。集まった市民らから強い抗議の声が上がる。これが一期工区まで運ばれて、午後には同区域内に投入され、貴重なサンゴ群落・海草藻場、そこに住む新種・貴重種・絶滅危惧種を含む生き物たちを生き埋めにしてしまうのだ。

抗議集会に集まった人たちの顔には、いよいよサンゴが埋め殺されてしまうという危機感と悔しさ、悲しみが溢れていたが、「これで終わりではない。埋立中止まで希望を捨てずに頑張っていこう」と誓い合う。

集会の司会者が「東海岸三点セット（泡瀬・辺野古・高江の運動）」と紹介して発言を求められた私は、「私たちは自然によって生かされている。それを破壊するのは自分で自分の首を絞めるようなもの。泡瀬も辺野古も高江も一緒に頑張ろう」と呼びかけた。

泡瀬干潟を守る連絡会の小橋川共男代表らは、午後から船を出して土砂投入に抗議した。同会では二一日朝から、那覇市の沖縄総合事務局前で埋立中止を求める座り込みを開始する。

自分のブログで泡瀬干潟の危機を訴え続けてきたKEN子さんは、サンゴに成り代わって「私は明日埋められてしまう。皆さんともお別れです。さようなら」と書いたところ、一〇〇件を超える書き込みが殺到したという。これを何らかの形で事業者に届けたり、行動や世論につなげられないか、アイデアを練っているとのこと。連絡を楽しみに待つことにしよう。

県内マスコミが、地裁判決を無視した土砂投入を大々的に報道したので、お茶の間の話題にもなったようだ。私の友人は、街の治療院に治療してもらいに行ったら、「そこの先生が泡瀬埋立に怒っていたよ」と言っていた。みんな同じ気持ちなのだ。

（二〇〇九年一月一七日）

福岡高裁が泡瀬埋立現場を視察

福岡高裁那覇支部は七月八日、泡瀬干潟埋立訴訟の控訴審（続行中）に関して、河邊義典裁判長ら裁判官三人が現場視察（現地進行協議）を行った。

梅雨明けの炎暑のもと、四時間余りかけて行われた視察は一〇のポイントを回り、裁判長らはそれぞれのポイントで被控訴人（原告市民）側及び控訴人（市・県）側からの説明を受けた。

埋立の進行する中城湾を見下ろす展望台、埋立用の仮設橋梁、突堤工事現場、干潟、砂州などで、住民側は泡瀬干潟の生物多様性、埋立の進行による海草藻場の喪失、砂州の変化、アーサの不作、絶滅危惧種のトカゲハゼの激減、同クビレミドロの危機、渡り鳥の餌場の砂漠化などについて説明。五八・六haあった海草藻場が現在はゼロとなり、事業者による移植実験は（機械・手植ともに）ことごとく失敗していること、アーサの不作について専門家は、工事で発生した粘土鉱物（シルト）の影響だと指摘している、と語った。

これに対して市・県側は、海草藻場の喪失は台風が原因、アーサの不作は自然現象で工事との因果関係はない、クビレミドロは培養実験や人工干潟による「場の創出」を行っている、などと反論したが、言い訳にしか聞こえなかった。

泡瀬埋立の発端となった新港地区（その浚渫土砂が埋立に使われる）では、埋立土砂の供給源である新港埠頭、二〇年以上経ってもほとんど売れず雑草地と化した既存埋立地、ＦＴＺ（特別自由貿易地域）にもかかわらず、関係のないＩＴ企業が誘致されている現状などを見ながら、住民側はＦＴＺの破綻、事業には経済的合理性が全くないことを説明したが、市・県側はほとんど反論さえしなかった。

控訴審は二三日に結審を迎え、遅くとも年内には判決が出ると予測されている。結審を前に行われた今回の現地視察は、市民側からの要求に応えたものだが、裁判長自身が視察に非常に積極的だったという。地裁判決を踏襲する判決が出ることを、多くの市民が期待している。

（二〇〇九年七月一〇日）

泡瀬埋立訴訟、控訴審でも「公金差し止め」

一〇月一五日、小雨のちらつく那覇地裁前に喜びの声と笑顔がはじけた。昨年一一月、「事業には経済的合理性がない」として公金支出差し止めを命じた那覇地裁判決に対し、沖縄市と沖縄県が控訴していた泡瀬干潟埋立訴訟控訴審において、福岡高裁那覇支部（河邊義典裁判長）は一審判決を踏襲する判決を言い渡した。

判決は、既に工事が進んでいる第一区域に沖縄市が策定中の新たな土地利用計画についても「経済的合理性があるとは認められない」とし、埋立に公金を支出することは違法であると断じた。

「自然の権利」訴訟として同訴訟に取り組んできた泡瀬干潟を守る連絡会および訴訟を支援する会は、生物多様性の宝庫である泡瀬干潟とそれに続く浅海域が守られる展望が開けたことを喜び、沖縄市長および沖縄県知事が上告を断念すること、一部破壊された部分については自然再生推進法に基づいて再生すること、鳥獣保護区指定、ラムサール条約登録などを要請した。

国はこれまで県とともに埋立事業を進めてきたが、無駄な公共工事の見直しを公約とする鳩山新政権発足の翌日、前原誠司沖縄担当相（国交相兼務）は「第一区中断、第二区中止」を表明している。控訴審判決によって事業中止への道が大きく開けた。

控訴審勝訴に笑顔の原告・支援者たち（10月15日、那覇地裁前）

沖縄ではこのほか、国頭村に計画されている奥間ダムの見直し、同村内の林道着工の当面の見送りなど、新しい風が吹きつつある。裁判の傍聴や報告集会に集まった市民・県民らの間から口々に、「次は辺野古（・大浦湾の米軍基地建設計画の中止）だ！」という声が上がった。（二〇月一六日）

【追記】沖縄市・県は二六日、上告断念を発表し、原告・住民側の勝訴が確定した。しかしながら市・県は同時に、「土地利用計画の見直しを進め、将来、事業を再開したい」と表明し、二八日、沖縄担当相に対し「事業継続」を伝えた（控訴審判決は、埋立に関する公金支出は違法としたものの、調査費用は認めている）ため、なお予断を許さない状況が続いている。

東門美津子市長は続投をめざして来年の市長選出馬に意欲的だと言われ、それを射程に入れて今回の判断を行ったと思われるが、建設業界はともかく、埋立に賛成している市民は多くはない。彼女の判断に沖縄市民はどんな評価を下すのだろうか……。

（一〇月三〇日）

※二〇一〇年四月二五日投開票の沖縄市長選に出馬し当選した東門市長は、「土地利用計画の見直しを進め、市民、市議会、支持政党（社民・共産・沖縄社大）に説明した上で判断する」「土地利用計画に経済的合理性がなければ事業を推進しない」と公約している。

（二〇一〇年四月追記）

ジュゴンとサンゴの海

辺野古沖リーフチェック10周年で講演会

国際サンゴ礁年の今年（二〇〇八年）、沖縄・名護市辺野古沖でのリーフチェックが一〇年目の節目を迎えたことを記念する講演会（サブタイトル：埋蔵文化財や生物多様性豊かな海域を残そう）が、九月二六日、宜野湾市で開催された。

リーフチェックとは、サンゴ礁の健康状態を世界統一基準で調査するプログラムのこと。この日の講演会は、一九九八年から開始された辺野古沖リーフチェックを担ってきたジュゴンネットワーク沖縄、沖縄リーフチェック研究会、ジュゴン保護基金委員会の三団体が主催した。

琉球列島のサンゴ礁の現状

一〇年にわたるリーフチェックの調査結果をもとに「沖縄島周辺のサンゴ礁の現状」について報告した沖縄リーフチェック研究会会長の安部真理子さんは、「島を造る生き物がサンゴであり、サンゴが造る地形がサンゴ礁。琉球列島のサンゴは約四〇〇種を数える（オーストラリアのグレートバリアリーフが約三五〇種）」と前置きし、「米国を中心に世界八四ヵ国で行われているリーフチェックは、サンゴ礁生態系全体をとらえる調査であり、科学的データの蓄積および普及・啓蒙という二つの意義を持っている。日本におけるリーフチェックは一九九七年には二ポイントだけだったが、二〇〇六年には四二ポイントにまで増えた」と述べた。

安部さんによれば、サンゴ礁生態系の主な脅威となっているものには、赤土流入、病気、白化現象、食害（オニヒトデ、シロレイシガイダマシなどによる）などがあり、特に一九九八年の世界的な白化現象は、琉球列島のサンゴ礁にも大きなダメージを与えた。

白化現象とは、サンゴと共生し、サンゴの触手の先端で光合成を行ってサンゴに栄養分を与えている褐虫藻が、水温上昇などのストレスによって吐き出され、サンゴが白化する現象。二週間以内に褐虫藻が戻ればサンゴは生き返るが、それ以上経つと、栄養分を得られないサンゴは死滅してしまう。

安部さんは沖縄島周辺の六地点（辺野古、大浦湾、泡瀬干潟、大渡海岸、真栄田岬、砂辺）および西表島ヨナ曽根の調査結果を示しながら、一〇年間のリーフチェックの成果として「白化現象をとらえたこと」「サンゴ被度を記録できたこと」をあげ、琉球列島のサンゴ礁の現状について「沖縄島西海岸＝回復が非常に遅い。同東海岸＝良好な状態から、やや悪くなっている。懸念材料として、米軍基地建設などの開発計画がある。同南海岸＝回復してきているが開発計画がある。八重山＝二〇〇七年に再び白化現象があり、大幅ダメージを受けた」と概観した。

このように、決して良いとは言えない現状に対して、近年もてはやされている「サンゴの移植」

は効果があるのか？　安部さんは、「サンゴとサンゴ礁生態系はイコールではない」と指摘し、「サンゴ礁生態系はさまざまな生き物に食べ物と住処を与えており、多種多様の生き物が共存する空間。それが造られるには長い時間がかかっている。移植が悪いとは言わないが、今あるサンゴ礁生態系を保存することが最も重要だ」と強調した。

考古学から見た沖縄ジュゴン

この日のもう一つの目玉は、沖縄考古学会理事・盛本勲さんによる「沖縄ジュゴンの素顔〜考古学からみえてくるもの」と題する講演。サンゴ礁生態系の生きものの象徴とも言うべきジュゴンが、先史時代から人間とどのような関わりを持ってきたのかを解明する、非常に興味深い内容だった。

盛本さんは、ジュゴンの遺存骨や骨製品が出土した遺跡の分布を、本州および九州、奄美諸島、沖縄島および周辺離島、宮古・八重山諸島に分けて示し、「沖縄島および周辺離島が、縄文併行期から近世までにかけて七九遺跡で遺存骨二一八五例、製品一七三例以上と、他地域を圧倒している」と指摘した。出土した骨の部位で最も多いのは肋骨で、頭蓋骨などはなぜか僅少だという。

肋骨をはじめ頬骨、四肢骨等が骨製品の素材として利用されており、針や銛などの生産用具、かんざしやペンダント、腕輪などの装身具、サイコロなどの遊具と用途は幅広い。ジュゴンの肋骨は緻密で固く、質感があり、鉄素材の入手が困難であった沖縄では、グスク時代には剣や矢尻にも使われた。

ジュゴンの骨製品の中でも特筆すべきなのは蝶型骨製品（長さ一〇〜一二cm）と呼ばれるもので、

縄文時代後期から晩期にかけて短期間でデフォルメされ、弥生時代に引き継がれることなく忽然と消えていったという。

その用途や、なぜ蝶型なのかについては未だ不明点が多い。盛本さんは、「琉球や中国では、蝶は魂を表すとされ、何らかのマジカルパワーを持つと考えられていたと思われるが、埋葬人骨と共に副葬品として出土した例はなく、普通の遺跡からのみ出土している」と述べた。彼は、「腰飾り、あるいは頭や胸に着ける装飾品として特別な女性が身につけたのではないか」という説があることを紹介しつつ、蝶型のルーツ、なぜ忽然と消えたのかは未だわからないとした。

盛本さんによれば、琉球列島の先史時代におけるおもな動物性タンパク源はリュウキュウイノシシとジュゴンであったという。いずれも、食べたあとの骨は多種多様の骨製品として利用され、当時の人間に多大な貢献をしていたことになる。

沖縄のジュゴンは、福や幸をもたらすニライカナイ（海の彼方の桃源郷）の神の使いだと伝えられるが、盛本さんの話を聞いていると、先史時代の人々にとってジュゴンは、神の使いというより、神そのもの、福や幸そのものだったのではないかという気がした。

ジュゴンが遠い祖先の命と暮らしを支えてくれたからこそ、この島々の歴史が続いてきたことを思えば、現在の私たちにとってもジュゴンは神であり、幸である。ゆめゆめ滅ぼしてはならないと、改めて思う。

（二〇〇八年九月二八日）

画期的なＩＵＣＮジュゴン保護勧告

二〇〇八年一〇月五～一四日、スペイン・バルセロナで開催された国際自然保護連合（ＩＵＣＮ）第四回世界自然保護会議において、沖縄ジュゴンの保護を求める三度目の勧告が採択された。これについては地元・沖縄をはじめ日本の全国メディアで報道され、各地で報告会も開かれているが、この勧告の持つ画期的な意義が未だ充分に伝わっているとは言い難い。

そこで、今回の会議に沖縄から参加し、勧告案の提案団体の一員として、また通訳として奮闘したジュゴン保護キャンペーンセンター（ＳＤＣＣ）の吉川秀樹さん（各報告会の講師も務めている）に直接インタビューを試みた。吉川さんの話をもとに、私自身の感想もまじえながら、勧告の意義と今後の展望について述べてみたい。

ＩＵＣＮは、一一一の政府機関、八七四の環境ＮＧＯなどによって構成される世界最大の自然保護機関で、四年に一度開かれるＩＵＣＮ世界自然保護会議（フォーラムおよび総会から成る）は一般市民にも開かれ、自由に参加できる。国際的な自然保護の主要課題に対応し、世界遺産条約、ワシントン条約、ラムサール条約、生物多様性条約など地球の自然保護に関わる国際条約の主体としても大きな役割を果たしている。

地球の北限に生息する沖縄のジュゴンは生息環境の悪化から数が激減し、絶滅が危惧されている。そんな中で、彼らの主要生息海域に計画されている新たな米軍基地の建設が絶滅の危機をいっそう促進することを憂えた日本の環境NGO（今回の提案団体はWWFジャパン、日本自然保護協会、SDC、エルザ自然保護の会、日本雁を保護する会、日本湿地ネットワーク）は、二〇〇〇年にヨルダン・アンマンで開催された第二回会議、〇四年にタイ・バンコクで開催された第三回会議にも同様の勧告案を提出し、いずれも賛成多数で採択された。通常、過去と同じ内容の勧告案は受理されないことになっており、それが三度も受理され、採択されるのは極めて異例のこと。それは、勧告の対象となった日米両政府が勧告を履行していないと、IUCNが判断したためだ。

投票総数三五六（政府機関一〇四、NGO二五二）のうち賛成二五八、反対九、棄権八九で採択された「二〇一〇年国連国際生物多様性年におけるジュゴン保護の推進」と題する今回のバルセロナ勧告の内容と意義を、吉川さんに解説してもらった。

「提案団体が今年六月に提出した原案はIUCN本部での審査、IUCN総会中のコンタクト・グループ・ミーティング（総会参加者は誰でも参加可能）における文言調整を経て、いくつかの修正が行われましたが、それは原案の内容を維持し、勧告対象をより明確にするものとなっています。

まず、日米両政府をひとまとめにしていた原案に対して、勧告では日本政府、米国政府に個別に勧告しました。

日本政府に対しては『学者、研究者、NGOとの協議を通し』『すべての選択肢を含んだ』環境アセスと、基地建設によるジュゴンへの有害な影響を回避あるいは緩和する計画案の作成を要求しています。この『すべての選択肢』の中には『ゼロ・オプション（基地を造らない選択）』を含むことを、採択前に行われた提案団体のコメントで確認しました。

米国政府に対しては、日本政府の行う環境アセスおよび行動計画の準備を共同で完遂することを要求しています。

さらに、国連環境計画（UNEP）、移動性野生動物種の保全に関する条約（CMS）＝ボン条約に対し、二〇一〇年国連生物多様性年にジュゴン保護を特に推進することを強く要求しました。また、ジュゴンの生息するすべての国（〇二年に三七カ国だったのが、調査の進行により今回は少なくとも四八カ国となった）に対し、『ジュゴン生息域すべてにおけるジュゴンの保護と管理のための覚え書き』への参加を推奨しています。

この覚え書きはCMS（捕鯨問題等の関わりから日本は参加していない）に基づいて〇七年に作られたもので、法的拘束力はありませんが、日本政府は参加を嫌っています。捕鯨問題との関わりが出てくるからでしょう」

「今回の勧告が画期的なのは、直接IUCN事務総長と種の保存委員会に対して、今回の勧告を過去二回の勧告に合致させ、国際生物多様性年におけるジュゴン保護の推進を求める内容となっていることです。

これが提案団体ではなくIUCNのプログラム委員会から提案されたところに大きな意義があります。世界自然保護会議で採択されるものは、第三者に対する『勧告』と、自分たち自身の

『決議』に分けられますが、この勧告は、ＩＵＣＮ自身がジュゴン保護に主体的に取り組む姿勢を明確にしたという意味で、勧告の域を超えて決議的な側面があると、提案団体の中でも評価されています」

日本政府はこの勧告案の採択を棄権した。採択に先立ち、合意を前提として勧告案の文言調整を行うコンタクト・グループ・ミーティングが行われる。その中で彼らは、日本政府は充分な環境アセスとジュゴン保全のための施策を行っていると主張し、不必要な要求を含むこの勧告案は支持できず、ゼロ・オプションは受け入れられないと主張した。

前回のバンコクでのコンタクト・グループ・ミーティングには参加し、ジュゴン保護には賛成、アセスも大切だが、基地建設は日本政府の事業なので日本の主権を侵害しないように文言修正を要請した米国政府は、今回のミーティングには参加しなかった。米国におけるジュゴン裁判で今年一月、基地建設には米国政府も責任があるという判決が出たため、関係ないと言えなくなったからだろうというのが、吉川さんの推察だ。

勧告内容の画期的意義と、国際的な流れに逆行する日米両政府の対応の落差が際立っている。そんな中で、この勧告を活かし、ジュゴンの保護に役立てていくにはどうしたらよいか、吉川さんと話し合った。

二〇一〇年には生物多様性条約第一〇回締約国会議が名古屋で開催される予定であり、日本は議長国となる。その議長国が、生物多様性年と関連づけたジュゴン保護勧告を無視することは、国際世論が許さないだろう。

「この勧告をテコに、日本政府がジュゴン保護区の計画を出さざるをえなくなるところまで追い込んでいきたいし、その可能性は充分にある」と吉川さんは語る。

しかし、そこにはクリアしなければならない問題がある。沖縄ジュゴンの主要生息域である辺野古・大浦湾海域は、新基地が計画されているだけでなく、現在、米海兵隊キャンプ・シュワブの訓練水域として提供されている。近年、強襲揚陸艦から繰り出される上陸用舟艇や水陸両用戦車による訓練が頻繁になり、ジュゴンの食草である海草藻場の攪乱が著しい。二〇〇四年以降、新基地建設のためのボーリング調査や環境調査などの影響も加わって、ジュゴンがこの海域から避難しているらしいことが、地元NGOの調査から推測されている。

「米軍の訓練水域のままでジュゴン保護区にすることはできませんよね」と私は尋ねた。「もちろんです。まずは提供水域を取っ払うことが必要です。そのためにも、現在行われている米軍の訓練とジュゴンの関係を、今回の勧告の対象となっている国際機関に注目させる必要があります」

そうなると、当然、米国は関係ないと言っていられなくなり、否応なく前面に出ざるをえない。オバマ新大統領の誕生によっても軍事優先の米国の姿勢が大きく変わるとは思えず、それは簡単ではないが、しかし、やりがいのある課題だ。

「現在の提供水域でもノーなのに、まして新基地などもってのほか、ということになりますよね」と私は言った。

現在の米軍訓練が海草藻場を含むジュゴンの生息環境にどれくらいの影響を与えているのか、そのデータを集めることは、ジュゴン保護区に向けた大きな力になるだろう。私たち地元ＮＧＯが取り組める具体的な課題が一つ、見えてきた。

（一一月一〇日）

ジュゴンと共に生きる国々から学ぶ

二〇一〇年の国連国際生物多様性年に向け、北限のジュゴンが住む沖縄に海洋保護区の設定をめざして、「ジュゴンと共に生きる国々から学ぶ」沖縄セミナーが二〇〇九年二月二二日、那覇市の船員会館で開かれた。ジュゴン保護キャンペーンセンター（ＳＤＣＣ）とＷＷＦ（世界自然保護基金）ジャパンが共催した。

ＷＷＦの花輪伸一さんは、二〇〇八年一〇月にＩＵＣＮ（国際自然保護連合）第四回世界自然保護会議で勧告された「二〇一〇年国連国際生物多様性年におけるジュゴン保護の推進」について、これまでの二回の勧告が、ジュゴンの生息地に基地建設を計画している日米両政府への勧告だったのに対し、それをより進める形でＩＵＣＮ自身がジュゴン保護を実行することを決議したものであり、その意義は大きいと述べた。

ＩＵＣＮは今勧告において、ＵＮＥＰ（国連環境計画）およびＣＭＳ（移動性野生生物保護に関する条約＝通称・ボン条約。加盟一一〇ヵ国。日本は加盟していない）に対し二〇一〇年に向けたジュゴン保護の推進を要請しており、世界のすべてのジュゴン生息国に、ボン条約の「ジュゴン生息域におけるジュゴンとその生息地の保全と管理に関する覚書（〇七年発効。以下、ジュゴン覚書）」への参加を推奨している。

花輪さんは、二〇一〇年一〇月に名古屋で開催される第一〇回生物多様性条約締約国会議のホスト国である日本政府に対し、ボン条約ジュゴン覚書への参加、ジュゴン保護政策を立案・実行し、沖縄ジュゴンの生息域である辺野古・大浦湾・嘉陽海域に海洋保護区を設定するよう働きかけていこうと呼びかけた。

続いて、ジュゴン覚書の原案作成に参加したタイ・プーケット島海洋生物学センターのカンジャナ・アデュルヤヌコソルさんが、タイにおけるジュゴン保護の取り組み、ボン条約およびジュゴン覚書の意義と各国の取り組み状況について講演した。

政府がジュゴン保護に力を入れているタイでは、生態、分布、餌となる海草藻場、ジュゴンを死に至らしめる脅威となる原因（刺し網、トロール網、罠、船との衝突、鮫等）などの研究・調査・モニタリング、それらを踏まえた保全策などが行われているという。日本政府の無策、無関心と比べてうらやましく思った。

カンジャナさんは、ジュゴンがさまざまな危険性に満ちた浅瀬を好む理由について「浅瀬にある海草の方が、深場のものより栄養価が高いのではないか。また浅瀬はジュゴンの子育ての場、交尾（繁殖）の場としても重要」と述べ、浅瀬を守ることの大切さを強調した。

「なぜボン条約によって移動性動物を保護しなければならないか。生存や生殖のために季節の変化をうまく利用する移動性動物（渡り鳥、渡りをする昆虫、クジラ類など）は多くの脅威にさらされるが、なかでも人間活動に起因するものが多い」と、カンジャナさんは死亡したクジラの胃の中から一・六kgものプラスチックゴミが出てきた映像を示し、各国は大切な自然遺産、海洋資源を守っていく共通の責任を持っていると話した。

移動する動物の一つであるジュゴンの保護は、国際協力なしにはできない。そこで、ジュゴンの最多生息国であるオーストラリア政府とタイ政府が原案を作成し、ジュゴン生息国二〇ヵ国の政策立案者、科学者が参加して作ったのがジュゴン覚書だ。

ジュゴンを死に至らしめる原因を減らしていくこと、生息地の保全・管理、調査・研究・モニタリングなどによる生態の解明、国家・地域・国際間の協力、法的保護などを目的としている。二〇〇七年に七ヵ国が署名し、現在までの署名国は一二ヵ国（オーストラリア、ミャンマー、フランス、アラブ首長国連邦、タンザニア、マダガスカル、エリトリア、フィリピン、コモロ連合、ケニア、インド、インドネシア）。

「ジュゴン覚書はジュゴン保全のための一つの仕組みであり、国家レベルおよび国際レベルの行動を推進するもの。覚書と具体的な保全管理計画の両方が、重要な政策基盤となる。覚書があるおかげで多くの国が協力してジュゴン保護をしていける」と彼女は語り、ミャンマーとタイの国境を越えた共同調査、オーストラリア政府とパプアニューギニア政府が、ジュゴンを伝統食とする先住民の文化を大切にしながらジュゴンの個体群を守って行くにはどうしたらいいか協議していること、タンザニア・ケニア・モザンビーク間の協力、などの実例を挙げた。

「ジュゴン覚書はジュゴン保護のための最も効果的な仕組みであり、国が覚書に署名することは、その国に生息するジュゴンとその生息地を守ると国際的に示すことだ」とカンジャナさんが言うように、日本政府に迫っていくことが必要だ。カンジャナさんとWWFジャパン、SDCC、NACS－J（日本自然保護協会）は一九日、国会議員に対するセミナーを行い、参加した野党の環境政策担当者、沖縄選出国会議員などがジュゴン覚書について国会で質問することになったという。

環境後進国の日本政府を動かしていこうと生物多様性条約市民ネットワークが結成され、環境NGOだけでなく人権・平和などに取り組む市民らとも連携して、二〇一〇年の第一〇回締約国会議に向けた大きな動きを作っていこうとしている。

（二〇〇九年二月二五日）

生き物マップで大浦湾の未来を考える

名護市東海岸・大浦湾のサンゴ群集とそこに棲む生き物たちの調査を合同で進めてきた沖縄リーフチェック研究会、ダイビングチーム・すなっくスナフキン、ジュゴン保護基金委員会の三者は、二年間にわたる「大浦湾生き物マップつくりプロジェクト」の成果を発表するとともに今後の保全のあり方を探ろうと、シンポジウム「大浦湾のさまざまな生き物たち～大浦湾の未来について考えよう」を三月七日、名護市大西公民館で開催した。

生物多様性の宝庫でありながら、米軍基地（普天間飛行場代替施設）建設の計画をはじめ、さまざまな人為的脅威にさらされている大浦湾を守り、後世に残していきたいと願う人々が集まり、大浦湾をめぐる五つの報告に耳を傾け、熱心な論議を交わした。

会場には、すなっくスナフキンのメンバーが撮影した数え切れないほどの写真が壁いっぱいに展示され、参加者たちは、多様な生息環境に生きるカラフルでユニークな生き物たちに見入っていた。

今回のプロジェクトの結果報告を行った沖縄リーフチェック研究会会長の安部真理子さんは、「大浦湾は水深が深く、ラッパ状に切れ込んだ、他にあまり見られない地形をしており、浜から礁斜面まで複雑な生態系が構成されている」とし、これまでのリーフチェックの結果を示しながら、「赤土流出やオニヒトデの食害、白化現象などにより沖縄諸島全体のサンゴの状態が悪化している中で、大浦湾には豊かなサンゴ群集が残っている」と指摘。湾奥の大規模なユビエダハマサンゴ群集、チリビシ（切れ干瀬＝海の地名）のアオサンゴ群集、沖に近い「ハマサンゴの丘」（多くの種類のハマサンゴが一同に会しているポイント）、岩礁域の塊状ハマサンゴ群集などを、調査方法も含めた映像を使って紹介した。

「大浦湾生き物マップ」にはこのほか、大浦川河口のマングローブ林、干潟、潮間帯、海草藻場、砂地、泥場、沖の瀬など湾内のさまざまな環境と、そこに棲む多種多様の生き物たちが掲載されている。大浦湾は、日本に棲息するクマノミのすべて（六種類）が見られること、生きたスイショウガイに背負われる形で共生するため「歩くサンゴ」と呼ばれるキクメイシモドキが生息すること、などでも特筆され、ウミンチュ（漁師）からは「高級魚の捕れる海」と言われている。

チリビシのアオサンゴ群集合同調査（日本自然保護協会、ＷＷＦジャパン、国士舘大学地理学研究室、沖縄リーフチェック研究会、じゅごんの里による）の報告を行った日本自然保護協会の大野正人さんは次のように述べた。

「二〇〇七年九月、大浦湾の通称チリビシで大規模なアオサンゴ群集（五〇ｍ×三〇ｍ×高さ一二ｍ）が発見され、二〇〇八年一～五月に調査を行った。アオサンゴは一属一種の造礁サンゴで、絶滅危惧種Ⅱ類に指定されているが、大浦湾のアオサンゴは石垣島白保のアオサンゴとも違った特徴を持っている。白保のアオサンゴが、水深の浅い場所に水平方向の二次元的分布を見せ、板状に幾重にも折り重なった形状を持つのに対し、大浦湾のアオサンゴは、水深一四ｍの深い場所に垂直方向の三次元的塊をなし、指状に伸び上がって林立する。

チリビシは内湾側の端に位置し、地形やさまざまな条件が微妙なバランスを保っている、ここにしかない場所。大浦湾海域は特異性が高く、生物多様性上の保全すべき重要地域（ホットスポット）と言える。

普天間飛行場移設計画は、アオサンゴ群集をはじめこの海域の生物多様性に大きな悪影響を及ぼす可能性が高い。計画を中止し、海域保護区の設定や保全管理計画を策定することが必要だ」

このほか、北限のジュゴン調査チーム・ザンの鈴木雅子さんが、ジュゴンの食み跡調査の取り組みについて、ジュゴンネットワーク沖縄の細川太郎さんが「沖縄島東海岸の海草藻場とジュゴン」

について、私が「大浦湾の自然と人との関わり」について報告した。

第二部のパネルディスカッションは、パネリスト（主催者および報告者）に会場参加者もまじえて行われ、どうすれば大浦湾の生態系を守っていけるかを話し合った。

アオサンゴの発見以来、ダイビングに訪れる人々が増えていることもあり、大浦湾における自主ルールの必要性が共通課題となっている。ジュゴン保護基金委員会の東恩納琢磨さんは「まずはアオサンゴの保護から大浦湾全体に広げていきたい。最低限、アオサンゴの上にアンカーを落さないこと、（サンゴや生き物を）取らないこと」と述べ、大浦湾を漁場とする漁師にも関わってもらうために話し合いを始めたことを報告した。

パネリストから、アオサンゴの天然記念物指定、海域保護区の設定、まもなく沖縄防衛局から出されてくる普天間代替施設の環境アセス準備書への対応、などの課題が出され、会場からは「目標を何に置くのか、そのためにどんなツールが使えるかがポイント」などの意見があった。この日を出発点に、「情報の共有」「自主ルールや保護区と漁業資源の関係など、国内外の先進事例に学ぶこと」から始めようと確認された。

（三月一〇日）

沖縄・生物多様性市民ネットワークを結成

来年二〇一〇年一〇月、生物多様性条約（CBD）第一〇回締約国会議（COP10）が、日本を議

長国として名古屋で開催される。そのＣＯＰ10に沖縄からも積極的に関わっていこうと七月二五日、沖縄・生物多様性市民ネットワーク（略称：沖縄ＢＤ市民ネット）が結成された。

ＣＢＤは「地球に生きる生命（いのち）の条約」とも言われ、世界一九二ヵ国が加盟している。「生物多様性」というと難しい言葉のようだが、ちょっと考えてみると、私たちの衣食住も経済や文化も、それなくしては成り立たない、とても身近で大切なものであることがわかる。ＣＢＤは、人類の生存基盤である生物多様性の保全だけでなく、その持続可能な利用と公正な配分をめざしている。国家間の条約ではあるが、その目的を実現するには市民社会の参加が不可欠であり、市民一人ひとりの参加が重要なのだ。

沖縄は生物多様性の宝庫と言われる一方で、島を焦土と化した地上戦・米軍占領を経て、さらに日本復帰後の破壊的な乱開発にさらされ、多くの問題を抱えている。ＣＯＰ10を契機に、その沖縄の声を世界へ向けて発信していこうと、県内のさまざまな市民団体・個人が二ヵ月余りにわたって会合を重ね、結成にこぎ着けた。単なる自然保護運動に留まらない沖縄の実情を伝えていくために、「環境」「平和」「人権」をキーワードにすることが確認されている。

結成大会が開かれた沖縄市農民研修センターホールには「『生物多様性って何？』からはじめよう」と書いた横断幕が掲げられ、DUTY FREE SHOPP の知花竜海さんの歌で幕開けした。知花さんは、沖縄ＢＤ市民ネットのキーワードである「環境」「平和」「人権」を音楽で発信している若手ミュージシャンで、オープニングにふさわしい歌を歌ってくれた。

続いて、この日の結成大会を共催したCBD市民ネット（COP10に向けた日本の市民の窓口として一月に結成された全国組織）運営委員の道家哲平さんが「生物多様性条約と市民の取り組み」と題して基調講演。二九歳の道家さんは日本自然保護協会（NACS－J）の保全研究部に所属し、IUCN（国際自然保護連合）日本委員会の事務局担当職員も務め、私の友人によれば、日本のこれからの自然保護運動をリードしていく若手のホープだという。彼は、CBDの目的と意義をわかりやすく解説し、「地域レベルの市民運動が、全国に先駆けて沖縄からスタートした意義は大きい」と述べた。彼を通じて、CBD事務局長ジョグラフ氏のDVDメッセージも届けられた。

その後の結成総会では、「環境」「平和」「人権」の各分野から一人ずつ、三人の代表を選出した。会場には、それら各分野で活動する多彩な顔ぶれが一同に会し、熱気が溢れた（参加者は約一五〇人。私は当日の司会を仰せつかっていたため、写真を撮れなかったのが残念だ）。私の所属する「ヘリ基地いらない二見以北十区の会」も、もちろんすぐに加入した。

会場の内外では、泡瀬干潟を守る運動、米軍基地建設に反対し辺野古・大浦湾の海を守る運動、やんばるの森と暮らしを破壊するヘリパッド建設に反対している東村高江の住民をはじめ各市民団体のブースが設けられ、また各現場からの一分間メッセージも行われた。司会の私は、ついつい熱弁になってしまって、とても一分では終わらない各発言者にハラハラし通しだったが……。

同ネットは今後、県内での各種イベント（シンポジウム、講演会、写真展等々）による世論喚起、COP10会議への参加、CBD事務局やCOP10参加者の沖縄への招聘などを目標に活動を展開する予定だ。

（七月二九日）

大浦湾のアオサンゴを天然記念物に

「アオサンゴを天然記念物にしよう〜『生物多様性』を学ぼう・守ろう」と題するシンポジウム（主催：沖縄BD市民ネット）が九月二八日夜、那覇市の教育福祉会館ホールで開催された。

二〇〇七年九月、大浦湾の通称チリビシにおいて大規模なアオサンゴ群集が発見されて以降、地理学者や沖縄内外の環境保護団体、地元ダイバーなどがチームを組んで調査を行ってきた。その結果、このアオサンゴは長さ五〇m、幅二七m、高さ一二mに及ぶ世界最大級のもので、有名な石垣島・白保のアオサンゴとは形状も遺伝子構成も異なることが判明。遺伝子解析の結果、クローンである可能性が高く、積極的な保護・保全対策が必要であるとして、調査に携わった沖縄リーフチェック研究会（会長：安部真理子）、すなっくスナフキン（代表：西平伸）、じゅごんの里（代表：東恩納琢磨）の県内三団体が連名で、九月県議会に天然記念物指定を求める陳情を提出した。

この日のシンポは、沖縄の生物多様性を守る立場から、賛同団体としてこの動きを全面的に支えてきた沖縄BD市民ネットが、天然記念物指定に向けた世論を喚起しようと行ったもの。

シンポでは、地元でエコツアーを営み、アオサンゴを発見した東恩納琢磨さんが、大浦湾の魅力と、それが新たな米軍基地計画によって脅かされていることを語り、「ここにいるみんなの力で基地を止めよう」と訴えた。

ＷＷＦジャパンの花輪伸一さんは、生物多様性と、それを守ることの大切さ、生物多様性条約について説明し、「大浦湾は多様性に満ちた沖縄・地球の縮図。調べれば調べるほどいろんなものが出てくる。保全と活用のシンボルとしてアオサンゴを天然記念物に指定し、それをＣＯＰ10で発表できれば、世界の生物多様性への大きな貢献になる」と述べた。

沖縄リーフチェック研究会の安部真理子さんは、地球環境におけるサンゴ礁の役割と、それに迫る脅威について語ったあと、専門家と市民による合同調査グループによって大浦湾のアオサンゴの調査がどのように行われたかを具体的に説明。大浦湾のアオサンゴは何千年もの年月を、さまざまな危機を乗り越えて生き、成長してきたこと、多種多様の生き物を支えていること、世界に一つしかない貴重なものである可能性が非常に高いと強調した。

また、南山大学教授（環境学・地理風水学）の目崎茂和さんは、風水や地域作りの視点から大浦湾とアオサンゴについて熱く語った。現在の大浦湾の海底地形やサンゴ礁は、大浦湾がまだ陸地であった一万年前の地形を残していること、冬の風と波がサンゴ礁を育てたこと、風水や環境に対する沖縄の先人たちの鋭い洞察、石垣島と大浦湾のアオサンゴの違い、アオサンゴは白化現象を生き延び、オニヒトデも寄せ付けないなど生命力が強いこと、など興味深い話をたくさんしてくださった（とても面白かったのだが、あまりにも多岐にわたっていたため私自身が消化しきれていない）。

最後に、シンポジウム参加者の総意として、「世界的にも貴重で普遍的価値を持つ」大浦湾チリビシのアオサンゴ群集を「沖縄県が天然記念物に指定し、積極的な保護に取り組むことを強く求める」アピールが採択された。

なお会場には、アオサンゴを含む大浦湾周辺およびアオサンゴの立体模型が展示され、多くの人が熱心に見入っていた。

（一〇月一日）

生物多様性条約COP10一年前イベントに参加

一〇月一〇～一一日、東京と名古屋に行ってきた。IUCN－J（国際自然保護連合日本委員会）主催の生物多様性条約COP10一年前シンポジウム「生物多様性ポスト2010年目標とアジアビジョン」（一〇日、国連大学にて）および、CBD（生物多様性条約）市民ネット主催の「生物多様性条約COP10／MOP5開催一年前イベント」（一一日、名古屋国際会議場にて）に参加するためである。一一日のイベントでは沖縄・生物多様性市民ネットワークの一員として、CBD市民ネットの作業部会の一つである沖縄地域作業部会の活動発表を行う任務を託されていた。

濃密な二日間の報告をここで行うことはとてもできないし、それぞれの主催者から詳しい報告が出されると思うので、膨大な内容のほんの断片に過ぎないが私の印象に残ったものを、ごくかいつまんで書き留めておきたい。

IUCN－Jは一年前プレシンポを九月と一〇月に開催。一〇日のシンポは、九月六日に開催された「生物多様性2010年目標と日本の経験」に続くものだった。基調講演を行ったのはアーメッド・ジョグラフ（生物多様性条約事務局長）、ジェフリー・マクニーリー（IUCN上席科学顧問）、渡辺綱男（環境省大臣官房審議官）、武内和彦（国連大学副学長）の四氏。以下は、それらのきわめて主観的な要約である。

「自然なくして経済も社会も文化・文明もない。その自然がものすごいスピードで失われつつある。生物多様性の損失速度を顕著に減少させるという二〇一〇年目標の達成に、世界の首脳は失敗した。それは不可能な目標だった。現状の基準値、変化を捉える数値がなく、定量的に検証可能な目標でなかった。新たなアプローチを進めていくしか我々の未来はない。生態系サービス（種や遺伝子などの生物多様性、生命の織物としての生態系がもたらすメリット）概念の活用、市民の取り組みや情報の活用、市民社会全体の参加、特に若者・女性の関わりが重要だ。人間の全ての営みが生物多様性に関わっている。

日本には、日本ならではの独特の貢献の仕方がある。例えばＳＡＴＯＹＡＭＡ（里山）イニシアチブ。それは、自然資源の持続可能な管理と利用のモデルであり、そのビジョンとして、人と自然の共生と循環に関する智恵の結集、伝統的な知識と近代的知識の融合、公私の分断を超えた新しい地域社会の創造などがある」

その後のセッションを聞きながら感じたのは、生物多様性なくして経済もあり得ないのだから、企業や経済界の関わりが重要であること、生物多様性の損失が貧困を生み出し悪循環が繰り返されること、その負のスパイラルを正のスパイラルへ転換するような開発援助のあり方が求められていること、など。

コンサベーション・インターナショナルのカルロス・Ｍ・ロドリゲス氏の次のような言葉が心に

残った。「金融危機、食糧危機などさまざまな危機は、これまでのやり方はやめようという地球からのメッセージ。人間はそれに学んでいない。このままの生産・消費のやり方を続ければ奈落に落ちるしかないことが理解されなければならない」「世界の軍事費六〇〇億ドルのうち六分の一を正しい方向に変えることができれば地球は守れる」

一一日は、CBD市民ネットの会員団体のうち、名古屋を中心とする中部日本で活動する八団体の活動報告（遺伝子組み換えナタネの野生化についての報告が衝撃的だった）、沖縄地域作業部会を含め八作業部会の活動発表、アーメッド・ジョグラフ氏およびIUCN－J会長でもある吉田正人・CBD市民ネット共同代表のスピーチ（前日の国際シンポの報告を含む）などが行われた。また、地元・名古屋の藤前干潟で活動するガタレンジャー（干潟を守るレンジャー）Jr劇団によるミュージカル（子どもたちが干潟の生き物に扮してパフォーマンス）が大きな拍手を浴び、地元食材を使った昼食のケータリングサービスは、自然の恵みいっぱいで、とても美味しく、大好評だった。

ジョグラフ氏はこの日、「COP10に対する市民社会への期待」と題してスピーチを行い、「生物多様性の危機に対しては地球レベルの協働、あらゆるセクターの関与が必要。自然資源をめぐる戦争の可能性が真剣に論議されている今、米国なしでCOP10の開催を祝うことはできない。CBD市民ネットは米国政府や市民に対するメッセージを送ってほしい」と述べた。また、市民ネットに対し、「市民社会のサミットをCOP10直前にメインストリームとして開き、COP10に反映させる。COP10の最中は国際交渉を監視する。新しい目標を設置させる。CBD事務局に市民の連絡窓口を設置させる。ＣＢＤとＣＢＤ市民ネットとの協力関係を拡大・強化させ、世界のネットワークとつながっていく」ことなどを提起した。

作業部会報告の中では、藤前干潟を守る会の辻淳夫さんが部会長を務める生命地域（＝流域）作業部会の報告に感銘を受けた。藤前干潟は、埋め立てからは守られたものの、アサリが激減したり、貧酸素など海の状況は悪化しているという。そこで辻さんたちは、藤前干潟を含む伊勢・三河湾流域ネットワークを作り、流域全体の保全・再生、山の幸・里の幸・海の幸の流域内自給をめざしている。「上流（農山漁村）は下流（都市）を思い、下流は上流に感謝する社会」という言葉が印象的だった。辻さんのお話を聞きながら、沖縄は島全体が一つの流域＝生命地域だと思った。

ＣＢＤ市民ネットのロゴ・スローガンが、その作成の中心を担った博報堂から発表された。広告会社が会社として（しかし採算抜きで）市民ネットに関わっていることに感動した。生物多様性を本業として企業に取り入れていこうとする動きも起こっているという。沖縄でも、まずは広告会社を引き込めないだろうかと思った。

沖縄の環境問題は基地問題を抜きには語れないし、その意味で政治的要素が入らざるを得ず、参加しにくい人たちもいるのは事実だ。しかし、今回の学びを通して、生物多様性は全ての人間の営みの基盤だということ、それがどんな現状にあるのかを、もっと多くの一般市民に知らせる必要があると痛感した。生物多様性の意味や現状、条約のことも含めて、パワーポイントでわかりやすい資料を作成し、小規模の出前講座みたいなものをやっていけたらいいなと思う。沖縄ＢＤ市民ネットは期間限定の組織として結成され、私自身も来年までやればいいと思っていたが、今回、生物多様性への取り組みは、ジョグラフ氏が言うように「長い旅になる」と、思いを新たにした。

翌一二日午前中には（午後の便で帰沖）、辻さん直々のご案内で藤前干潟を巡るという幸運にも恵まれた。潮が引かず干潟の中に足を踏み入れることはできなかったが、干潟の上に群れる夥しい数のカワウをはじめとする鳥たち、波打ち際の貝や甲殻類など、たくさんの生き物たちに出会い、また、干潟を守る運動の中で次の世代が確実に育っていることも実感できた。

（一〇月一三日）

あとがきにかえて

二〇一〇年四月二五日、読谷村運動広場に九万人が集まって開催された「米軍普天間飛行場の早期閉鎖・返還と、国外・県外移設を求める県民大会」で、稲嶺進・名護市長は「民主党政権の誕生で希望が生まれ、一月の市長選挙で私が当選したことが、辺野古沿岸案を断念に追い込むターニングポイントになった。名護市民の勇気ある選択が、オール沖縄で県内移設に反対する今日の流れの原動力となった。その先導役となった名護市民を私は誇りに思う」と熱く語り、万雷の拍手を浴びた。

県内四一の全市町村代表、「国外・県外移設へとスタンスを変えた」と明言する自民党沖縄県連も含めた県議会与野党、仲井眞弘多県知事も参加した県民大会は、掛け値なしの全沖縄の意思を、これ以上ないほどはっきりと示すものとなった。ようやく二日前に大会参加を決断した仲井眞知事が感動の面持ちで「参加者のみなさんの迫力と熱気が必ず日米両政府を動かすだろう」と語り、稲嶺市長が「私を揺さぶる鼓動」と表現した熱いマグマが、大会会場だけでなく、島の津々浦々（参加できなかった多くの人々は統一カラーの黄色を身につけ、職場や家庭で賛同の意思表示をした）に湧き起こり、底流のように流れているのを私は感じた。沖縄はもう一歩も引かない！

その大会決議を持って翌二六～二七日、大会の共同代表である翁長雄志・那覇市長、高嶺善伸・県議会議長、仲村信正・連合沖縄会長を筆頭に八〇人の代表団（私もその一員だった）が上京し、平野官房長官、北澤防衛大臣、岡田外務大臣、前原沖縄担当大臣、アメリカ大使館に届けたが、鳩山首相には会えなかった。

帰沖したとたん、首相が五月四日に来沖するという報道が流れた。わざわざ上京した沖縄代表団とは会わなかったのに、なぜ？　何しに来るの？　報道によれば、徳之島への普天間ヘリ部隊移転と辺野古現行案の修正案（杭打ち桟橋案）をセットで米国と最終調整しており、県知事にそれを説明するためだという。県民大会であれほどしっかり意思表示をしたわずか三日後だ。どこまで沖縄をバカにする気なのか！と叫び出しそうになった。

それでも、「最低でも県外」と言明した鳩山首相のこと、ひょっとすると、沖縄県民の意思を自ら確認して、「県内」圧力を強める閣僚や米国政府に伝えるために来るのかもしれないという一縷の望みを失いたくなかった。私だけでなく多くの県民が、このときまでは、首相の「県外・国外移設」を後押ししようという気持ちだったと思う。

しかしながら五月四日、その微かな望みは完膚無きまでに打ち砕かれた。午前中の仲井眞知事との会談で鳩山首相が「県内移設」を表明したというニュースが伝わると、首相は那覇、宜野湾、名護と、行く先々で市民・県民の抗議の嵐に見舞われた。「県内移設反対」「基地はいらない」などはもちろん、「拒絶」「怒」「ウソつき」「詐欺」などの文字が、人々の掲げるプラカードや横断幕に躍った。稲嶺名護市長との面談会場である名護市民会館に、首相は、玄関前に集まった市民たちの目を避けて裏口から入るという醜態を見せた。

不思議でならないのだが、全沖縄が反対している県内移設が、ほんとうに実現可能だと鳩山さんは思っているのだろうか。民主党に対する国民の支持が急速に落ちている大きな原因の一つは、鳩山首相の指導力不足によるものだと言われている。実現不可能な県内移設は、そんな彼の首をますます締めるだけだ。それよりは、沖縄県民の不退転の強い意思を後ろ盾にして米国とわたり合ったほうが、同じ「玉砕」するにしても、どれだけかっこいいことか。そうなれば、沖縄県民は諸手をあげて彼を応援するだろう。

この問題の根本的な解決は、日米安保を根本的に問い直すことなしにはありえないと思う。日本国民のほとんどはふだん、日米安保の存在さえ意識していないだろう。日米安保に基づく基地の提供がもたらす矛盾や被害を沖縄に押し込めておけば、何も考える必要はないからだ。それが日米両政府の政策でもあったわけだが、我慢に耐えられなくなった沖縄が「基地ノー」と言い出した。

鳩山首相や民主党がまずやるべきことは、沖縄以外の各都道府県を一県ずつ訪ねて、真剣に移設のお願いをして回ることだと私は思っている。自分に火の粉が降りかからないうちは物事を考えようとしないのは、人間の性だ。自分が当事者となって初めて、日米安保とは何なのか、それはほんとうに必要なのか、必要ならどのように負担を分担するのか（私自身は、日米安保は廃棄し、軍事力ではなく外交力で安全保障を図るべきだと思っているが）という議論が始まる。全国民にその当事者意識を持たせるための行動をこそ、鳩山首相は起こすべきであり、沖縄県民を説得しに来るなどお門違いも甚だしい。その国民的議論の結果を持って、米国に堂々とものを言えば、鳩山さんは歴史に名を残す首相になるのは間違いないと思うのだが…。

希望を生み出したはずの民主党政権に裏切られた稲嶺名護市長は、「負担をお願いする」という鳩山首相の言葉を「沖縄に対する差別」だと言った。

予想していたとはいえ「辺野古回帰」を目の前に突きつけられると、疲労感がどっと押し寄せる。走り続けて疲れ果て、ようやく見えてきたゴールにホッとしたのも束の間、それがまた手の届かない遠くに行ってしまったという感じだ。

基地問題に決着をつけ、市民本位の新しいまちづくりをめざしてスタートしたはずの稲嶺市政も、まだ当分は基地問題に振り回されそうだ。あるべき市政運営を妨げる日本政府に怒りが募る。

しかし、それでもあきらめるわけにはいかない。心強いのは、「辺野古に戻ってくることは断じて許せない」「海にも陸にも造らせない」と、毅然として拒否し、公約の実現を首相に迫った稲嶺市長がいてくれることだ。この人を市長に選んでほんとうによかった、彼を孤立させないよう私たち市民がしっかり支えなければと、改めて思う。

闇はなお深いけれど、それを照らす灯りがある。政府が「辺野古回帰」をもくろんだとしても、同じことはもう不可能だ。鳩山政権の閣僚たちの支離滅裂な言動が沖縄のあちこちに火を点け、県民を一つにする結果をもたらしたのと同様、鳩山さんの今回の来沖は沖縄のマグマをいっそう燃え立たせている。

体勢を立て直して、さぁ、私もまた歩き始めよう。

インパクト出版会の深田卓さんには、今回もたいへんお世話になりました。心より感謝申し上げます。表紙の写真を提供していただいた大島俊一さん、本書に登場する多くの仲間たちにお礼を申し上げます。

国際生物多様性年の今年、地球上の無数の命のつながりの一員として生かされていることに感謝しつつ――。

（二〇一〇年五月六日）

浦島悦子

浦島　悦子（うらしま　えつこ）
1948年　鹿児島県川内市に生まれる。
1991年　「闇のかなたへ」で新沖縄文学賞佳作受賞
1998年　「羽地大川は死んだ」で週刊金曜日ルポルタージュ大賞報告文学賞受賞
現住所　905-2264　沖縄県名護市三原193-1
◆著書
『奄美だより』（現代書館、1984年）
『豊かな島に基地はいらない——沖縄・やんばるからあなたへ』インパクト出版会、2002年
『やんばるに暮らす——オバァ・オジィの生活史』ふきのとう書房、2002年
『辺野古　海のたたかい』インパクト出版会、2005年（第12回平和・協同ジャーナリスト基金奨励賞受賞）
『島の未来へ　沖縄・名護からのたより』インパクト出版会、2008年
◆共著
『シマが揺れる　沖縄・海辺のムラの物語』（写真・石川真生、高文研、2006年）

名護の選択
海にも陸にも基地はいらない

2010年6月5日　第1刷発行
著　者　浦　島　悦　子
発行人　深　田　　　卓
装幀者　吉　岡　　　修
発　行　㈱インパクト出版会
〒113-0033　東京都文京区本郷2-5-11　服部ビル2F
Tel 03-3818-7576　Fax 03-3818-8676
E-mail ：impact@jca.apc.org
http:www.jca.apc.org/~impact/
郵便振替　00110-9-83148

印刷・製本　シナノ